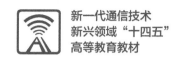
新一代通信技术
新兴领域"十四五"
高等教育教材

虚拟现实技术

主　编　王涌天

副主编　刘　越　魏小东　宋维涛

　　　　陈　靖　翁冬冬

U0252456

科学出版社

北　京

内 容 简 介

本书是一本系统介绍虚拟现实技术基本理论、关键技术和应用方法的教材,内容涵盖虚拟现实技术的基本概念、发展历史及其应用领域。书中详细介绍虚拟现实系统中常用的输入输出设备及其工作原理和技术特点,深入阐述三维建模的基本方法和关键技术,以及虚拟现实系统中常用开发引擎的基本功能和应用方法。此外,本书还介绍了增强现实系统的核心技术及其实现方法,并探讨虚拟现实技术应用中的健康和舒适问题,提供了相应的解决方案。

本书可作为计算机科学、信息技术、电子工程等相关专业本科生和研究生的教材,也可作为从事虚拟现实技术研究与开发的工程师和学者的参考书。

图书在版编目(CIP)数据

虚拟现实技术 / 王涌天主编. -- 北京:科学出版社, 2024. 12. --(新一代通信技术新兴领域"十四五"高等教育教材). -- ISBN 978-7-03-080129-6

Ⅰ. TP391.98

中国国家版本馆 CIP 数据核字第 2024RG8309 号

责任编辑:于海云 张丽花 / 责任校对:王 瑞
责任印制:赵 博 / 封面设计:东方人华平面设计部

科 学 出 版 社 出版

北京东黄城根北街 16 号
邮政编码:100717
http://www.sciencep.com

三河市春园印刷有限公司印刷
科学出版社发行 各地新华书店经销
*

2024 年 12 月第 一 版 开本:787×1092 1/16
2024 年 12 月第一次印刷 印张:14
字数:330 000

定价:59.00 元
(如有印装质量问题,我社负责调换)

序

　　新一代信息通信技术以前所未有的速度蓬勃发展，深刻改变着社会的每一个角落，成为推动经济社会发展和国家竞争力提升的关键力量。本教材体系的构建，旨在落实立德树人根本任务，充分发挥教材在人才培养中的关键作用，牵引带动通信技术领域核心课程、重点实践项目、高水平教学团队的建设，着力提升该领域人才自主培养质量，为信息化数字化驱动引领中国式现代化提供强大的支撑。

　　本系列教材汇聚了国内通信领域知名的 8 所高校、科研机构及 2 家一流企业的最新教育改革成果以及前沿科学研究和产业技术。在中国科学院院士、国家级教学名师、国家级一流课程负责人、国家杰出青年基金获得者，以及来自光通信、5G 等一线工程师和专家的带领下，团队精心打造了"知识体系全面完备、产学研用深度融合、数字技术广泛赋能"的新一代信息技术(新一代通信技术)领域教材。本系列教材编写团队已入选教育部"战略性新兴领域'十四五'高等教育教材体系建设团队"。

　　总体而言，本系列教材有以下三个鲜明的特点：

一、从基础理论到技术应用的完备体系

　　系列教材聚焦新一代通信技术中亟需升级的学科专业基础、通信理论和通信技术，以及亟需弥补空白的通信应用，构建了"基础-理论-技术-应用"的系统化知识框架，实现了从基础理论到技术应用的全面覆盖。学科专业基础部分涵盖电磁场与波、电子电路、信号系统等；通信理论部分涵盖通信原理、信息论与编码等；通信技术部分涵盖移动通信、通信网络、通信电子线路等；通信应用部分涵盖卫星通信、光纤通信、物联网、区块链、虚拟现实、网络安全等。

二、产学研用的深度融合

　　系列教材紧跟技术发展趋势，依托各建设单位在信息与通信工程等学科的优势，将国际前沿的科研成果与我国自主可控技术有机融入教材内容，确保了教材的前沿性。同时，联合华为技术有限公司、中信科移动等我国通信领域的一流企业，通过引入真实产业案例与典型解决方案，让学生紧贴行业实践，了解技术应用的最新动态。并通过项目式教学、课程设计、实验实训等多种形式，让学生在动手操作中加深对知识的理解与应用，实现理论与实践的深度融合。

三、数字化资源的广泛赋能

　　系列教材依托教育部虚拟教研室平台，构建了结构严谨、逻辑清晰、内容丰富的新一代信息技术领域知识图谱架构，并配套了丰富的数字化资源，包括在线课程、教学视频、工程实践案例、虚拟仿真实验等，同时广泛采用数字化教学手段，实现了对复杂知识体系的直观展示与深入剖析。部分教材利用 AI 知识图谱驱动教学资源的优化迭代，创新性地引入生成

式 AI 辅助教学新模式，充分展现了数字化资源在教育教学中的强大赋能作用。

　　我们希望本系列教材的推出，能全面引领和促进我国新一代信息通信技术领域核心课程与高水平教学团队的建设，为信息通信技术领域人才培养工作注入全新活力，并为推动我国信息通信技术的创新发展和产业升级提供坚实支撑与重要贡献。

电子科技大学副校长

孔令讲

2024 年 6 月

前　　言

　　虚拟/增强现实技术作为新一代信息技术以及数字经济的重要支撑,是新质生产力的典型代表,拓展了人类感知能力,提供了更高的沉浸感、更多的想象性和更强的交互性。习近平总书记在二十国集团领导人杭州峰会上指出:"以互联网为核心的新一轮科技和产业革命蓄势待发,人工智能、虚拟现实等新技术日新月异,虚拟经济与实体经济的结合,将给人们的生产方式和生活方式带来革命性变化。"党的二十大报告指出:"推动战略性新兴产业融合集群发展,构建新一代信息技术、人工智能、生物技术、新能源、新材料、高端装备、绿色环保等一批新的增长引擎。"虚拟现实技术作为新一代信息技术的重要组成部分,是实现数字中国的重要支撑,加快虚拟现实技术的发展不仅是国家科技创新的现实需求,也是增强国家综合实力的重要抓手。本书内容紧扣党的二十大精神,旨在服务国家数字经济的发展战略。

　　本书从虚拟现实的基本原理和内涵开始阐释,结合虚拟现实在军事、教育、文化、工业等领域的应用,紧跟国内外发展前沿和技术动态,以培养高水平的虚拟现实专业人才为宗旨,为读者构建虚拟现实的知识体系。全书共 7 章,具体如下。

　　第 1 章介绍虚拟现实的基本概念、技术发展历史,以及虚拟现实技术在教育、医疗、娱乐、军事等领域的广泛应用。

　　第 2 章介绍虚拟现实系统中脑机接口、手势接口、眼动接口、漫游与导航接口等常用输入设备的技术原理和应用场景。

　　第 3 章介绍虚拟现实系统中裸眼三维显示、头戴式显示、沉浸式投影显示、触觉反馈设备等常用输出设备的工作原理、技术特点和应用实例。

　　第 4 章阐述虚拟现实系统中三维建模的基本概念、常见三维建模软件工具及其建模方法,并探讨模型优化和渲染技术。

　　第 5 章介绍虚拟现实系统中 Unity 3D 的基本功能、开发流程和应用案例,帮助读者掌握 Unity 3D 的使用方法和开发技巧。

　　第 6 章介绍增强现实系统的基本原理、关键技术和应用案例,探讨如何实现虚实结合的增强现实效果。

　　第 7 章探讨虚拟现实的健康与舒适问题,分析虚拟现实系统对用户健康和舒适性的影响,并提出应对措施和解决方案。

　　通过系统学习本书内容,读者能够深入理解虚拟现实技术的基本理论、关键技术和应用方法,为未来在该领域的研究和应用奠定基础。无论是初学者还是有一定经验的专业人士,都能从本书中获得相关知识和实践参考。

　　书中部分知识点的拓展内容配有视频讲解,读者可以扫描相关的二维码进行查看。

　　北京理工大学王涌天教授组织了本书的内容策划和编写分工,并审定全书内容。本书具体编写分工如下:第 1、3 章由北京理工大学王涌天和宋维涛撰写,第 2、7 章由北京理工大学刘越撰写，第 4 章由北京理工大学翁冬冬撰写，第 5 章由西北师范大学魏小东撰写，第 6 章由北京理工大学陈靖撰写。刘通、缪雨、高乐茹、高昊霖、骆嘉鸿、郭恺悦、杨耸岳、程永庆、赵之赫、张炜佳、张阿香等参与了本书的插图绘制和文稿整理等辅助性工作。

在本书的编写过程中，受到了同行的大力支持和专业指导，在此向他们致以诚挚的感谢！

鉴于本书编者水平有限，书中难免存在一些疏漏和不妥之处，恳请读者批评指正。

编　者

2024 年 7 月

目　　录

第1章 虚拟现实概述

虚拟现实技术是一种创建和体验虚拟世界的计算机应用技术。作为一项潜在的颠覆性技术，虚拟现实技术为人类认知世界、改造世界提供了一种易于使用、易于感知的全新方式和手段。虚拟现实技术带来了显示方式的进步和交互体验的提升，通过与互联网、物联网以及人工智能等新兴信息技术的结合，虚拟现实技术还可以打破时空局限、拓展人们的能力、改变人们的生产与生活方式。

1.1　虚拟现实的概念与特征

1.1.1　虚拟现实的概念

虚拟现实(virtual reality，VR)是指采用以计算机为核心的现代高科技手段生成的逼真的视觉、听觉、触觉、嗅觉、味觉等多感官一体化的数字化人工环境，用户借助一些输入、输出设备，采用自然的方式与虚拟世界的对象进行交互、相互影响，从而产生亲临真实环境的感觉和体验。

1965 年，美国科学家 Ivan Sutherland 提出了"终极显示(the ultimate display)"的概念，并在 1968 年成功研发了被广泛认为是头戴式显示设备(head-mounted display，HMD)雏形的"达摩克利斯之剑(the sword of Damocles)"系统。随后，虚拟现实的概念逐渐确立，并开始进行初步的研发工作。这一时期，出现了一些虚拟现实技术的原型系统，如美国麻省理工学院的 Aspen Movie Map 和美国空军研究实验室的 The Star Trek 虚拟现实仿真系统。20 世纪 90 年代以来，随着计算机技术和图形学技术的迅猛发展，虚拟现实技术取得了重大突破，并逐渐走向商业化。1989 年，美国 VPL Research 公司的奠基人 Jaron Lanier 正式提出了"Virtual Reality"一词。随后，随着谷歌、微软、索尼等科技巨头的介入，虚拟现实技术开始走向商业化，并逐渐进入了消费市场。2014 年，Facebook 斥资 20 亿美元收购虚拟现实初创公司 Oculus VR，使虚拟现实技术引起了更广泛的关注。

随后，在虚拟现实技术基础上发展出现了增强现实(augmented reality，AR)技术。它综合了光电成像、人机交互、新型显示、电子信息、模式识别、图像处理等多门学科的最新成果，通过将计算机生成的图像、音频、视频等数字信息叠加到用户的真实环境中，用户可以在真实世界中看到增强的、虚拟的内容，从而提供丰富的感官体验。它的发展历史可以追溯到 20 世纪中叶。1992 年，美国波音公司的 Caudell 和 Mizell 提出了"Augmented Reality"的概念。2007 年，谷歌推出了基于增强现实技术的导航应用"谷歌街景"，为增强现实技术的商业应用开辟了新的前景。2012 年，谷歌发布了谷歌眼镜，2015 年，微软推出了 HoloLens，这些产品都成为信息领域影响深远的产品。随着智能移动终端平台的不断推出，移动互联网技术的成熟与发展以及 4G/5G 网络的大范围推广应用,增强现实技术开始逐步走进大众视野,一大批以虚实融合、自然交互、情景感知为特征的增强现实应用不断涌现。

增强现实和虚拟现实的联系非常紧密,随着混合现实技术的兴起,虚拟现实的定义逐渐与增强现实相互融合,故在本书中有时用虚拟现实作为两者的统称。

虚拟现实技术作为一项潜在的颠覆性技术,为人类认知世界、改造世界提供了一种易于使用、易于感知的全新方式。通过不断地创新和发展,虚拟现实技术不仅带来了显示方式的进步和交互体验的提升,还与互联网、物联网以及人工智能等新兴信息技术相结合,打破了时空局限,拓展了人们的能力,改变了人们的生产与生活方式。经过半个多世纪的发展,虚拟现实技术已在各领域渗透深化,行业应用日益活跃,市场需求亦愈发旺盛,其发展的战略窗口期已经形成。目前,其应用十分广泛,涵盖了游戏、教育、医疗、设计、建筑等多个领域。这种交互式的体验为虚拟现实技术赋予了强大的表现力和趣味性,使其在各行各业得到了广泛应用。随着虚拟现实技术的不断发展,基于其构建的高沉浸、高真实感、社会化虚拟网络平台将进一步丰富人们的生产和生活方式。这一技术的出现彻底打破了空间对人类的束缚,为人们带来了更加丰富和多样化的体验,也为未来的科技进步和社会发展创造了更广阔的前景。

1.1.2　混合现实连续体

混合现实连续体(mixed reality continuum)是指一种将虚拟现实和增强现实相结合的技术范畴,它是位于虚拟现实和增强现实之间的一个连续性区域。在混合现实连续体中,虚拟元素和现实元素可以同时存在并交互,用户可以在真实世界中感知和操作虚拟对象,或者在虚拟环境中感知和操作真实对象。它超越了传统的虚拟现实和增强现实的界限,将虚拟和现实融合在一起,创造出丰富多彩的交互体验,展现了一种全新的数字化体验范式。

在虚拟现实中,用户脱离真实世界,进入一个完全由计算机生成的虚拟环境中,与虚拟对象进行交互和沟通。虚拟现实技术通常使用头戴式显示设备、手柄等硬件设备,通过计算机图形学和传感器技术实现用户与虚拟环境的交互。而在增强现实中,虚拟对象与真实环境进行融合,用户可以通过智能手机、平板电脑、头戴式显示设备等设备观察和与增强现实内容进行交互。增强现实技术通常使用计算机视觉技术和传感器技术来实现对真实世界的感知和虚拟信息的叠加。混合现实则将虚拟对象与真实环境进行混合,使得虚拟对象可以与真实环境进行交互,在虚拟世界与真实世界之间构架起一座桥梁,从而实现从"人适应机器"到"以人为本"的转变,有望彻底改变人们的工作和生活方式。

它的概念源自对虚拟现实和增强现实之间关系的思考和探索。保罗·米尔格拉姆(Paul Milgram)和岸野文郎于1994年提出了"现实-虚拟连续体"的概念,认为虚拟现实和增强现实不是孤立存在的,而是构成了一个连续的谱系,其中,各种技术和体验可以根据其在现实和虚拟之间的相对位置来定位。这一理念为后来的混合现实技术发展奠定了理论基础。此时虽然还没有出现具体的产品或系统,但混合现实连续体的概念已经开始引起学术界和产业界的关注。

随着计算机技术和传感器技术的不断发展,混合现实连续体技术进入了技术探索和实验阶段。研究人员开始尝试将虚拟现实技术和增强现实技术相结合,探索如何实现虚拟世界和现实世界的无缝融合,并提供更加沉浸式和真实感的用户体验。比较有名的是20 世纪 90 年代初期由美国空军研究实验室开发的 Virtual Fixtures 系统。该系统为飞行员提供实时辅助信息和指导,以改善他们的飞行技能。该系统使用头戴式显示器和手柄,将虚拟信息叠加在真实飞行场景中,帮助飞行员更好地理解和控制飞行器。

从 2010 年开始,一些大型科技公司和初创企业开始推出商业化的混合现实产品和解决方案,如微软的 HoloLens、Magic Leap 的 AR 眼镜等。同时,混合现实连续体技术也开始在工业、医疗、教育等领域得到广泛应用,为用户提供了丰富、沉浸式的体验。近年来,随着人工智能、大数据、云计算等新兴技术的发展和融合,混合现实连续体技术不断结合各种新兴技术,如机器学习、自然语言处理等,为用户提供更加智能化和个性化的体验。同时,混合现实连续体技术也在更多领域得到应用,为人们的生活和工作带来了更多便利和乐趣。

1.1.3　虚拟现实的特性

虚拟现实作为一种新兴的数字化体验范式,具有多种独特的特性,这些特性使得它在各个领域具有广泛的应用价值和潜力。虚拟现实的基本特征描述为“沉浸-交互-构想-智能”,能够创造出一种高度沉浸的体验,使用户仿佛置身于一个完全不同的环境中,且能够在视觉、听觉、触觉等多个感官方面提供丰富的反馈。通过高分辨率的头戴式显示器、立体声音频系统、触觉反馈装置等技术,虚拟现实可以模拟真实世界的感官体验,使用户感受到虚拟环境的逼真性,完全沉浸于计算机所构建的虚拟环境中,忘却现实世界的存在。这种沉浸性体验不仅带来了强烈的视觉冲击,还可以激发用户的情感和情绪,使得虚拟体验更加生动和真实。

虚拟现实技术具有强大的交互性和自由度,用户可以通过手柄、体感设备等方式与虚拟环境进行实时交互,改变环境的状态和结构。同时,虚拟现实技术还为用户提供了在虚拟环境中自由移动和探索的能力,用户可以自由走动、观察、操作虚拟环境中的对象,并根据自己的意愿进行行动和决策,从而获得更加个性化和自由的体验。与传统的媒体形式相比,虚拟现实技术为用户提供了更加直观、生动的体验方式,使用户成为体验的主体,而不是被动的观察者。

虚拟现实技术不仅能够创造出完全虚拟的数字化环境,还可以与现实世界进行融合,形成混合现实的体验,进一步促使用户从被动转变为主动,积极探索虚拟环境中的信息,使得虚拟体验更加丰富和多样化,同时也为用户提供了更多的应用场景和可能性。例如,在医疗领域,混合现实技术可以用于手术模拟和康复训练;在教育领域,它可以为学生提供更加直观和生动的学习体验。

虚拟现实技术还具有较强的定制化和个性化特性,可以根据用户的需求和偏好进行定制化的设计和开发。用户可以根据自己的喜好选择虚拟环境的主题、场景和角色,创造出属于自己独特的虚拟体验。这种个性化的体验不仅可以提高用户的参与度和满意度,还可以为企业和开发者提供更多的商业机会和价值。

虚拟现实技术可与人工智能技术结合,采用人工智能技术感知用户的行为、语言与情感，并能按照逻辑与用户进行人机对话，使虚拟现实带来更加智能、自然的交互体验。

1.2　虚拟现实系统构成和技术发展

1.2.1　虚拟现实系统构成

虚拟现实系统是由多个组成部分构成的复杂系统，这些部分共同作用，使得虚拟环境得以创造并提供给用户沉浸式的体验。虚拟现实系统主要由建模子系统、绘制子系统、交互子系统和显示子系统组成。

建模子系统所构建的三维数字内容是虚拟现实系统的基本构成要素，它负责创建和描述虚拟环境中的各种对象、场景和事件，将真实世界或虚拟概念转化为计算机可以理解和处理的数字化形式，以便在虚拟环境中进行展示和交互。创建三维内容的核心是三维几何建模，即构建真实世界或虚拟世界的三维数字化几何表达。三维几何建模是计算机图形学的重要基本问题。根据建模对象和方式，建模子系统可实现对象建模、场景建模、动画建模和物理建模等。随着虚拟现实应用场景的不断扩展和复杂化，建模子系统需要更强大的计算和处理能力，以实现更高质量、更逼真的虚拟环境。

绘制子系统主要负责将建模子系统中创建的虚拟环境转化为可视化的图像或视频，并将其呈现给用户。绘制子系统的主要功能是生成和渲染虚拟环境中的图形和影像，以及实现对图像的处理和优化，以提供给用户高质量、流畅的视觉体验。其主要功能包括图形渲染、光照和阴影模拟、纹理映射，以及图像处理和优化等。绘制子系统借助计算机生成逼真的视觉世界，使用户可以与虚拟世界进行交互式体验。基于三维图形学的绘制方法，其绘制质量和场景复杂性受硬件性能的限制，这促进了硬件和算法的不断发展；基于图像的绘制方法可以在便携式平台进行实时绘制，是近年来实现虚拟现实绘制的一种新趋势。

交互子系统负责实现用户与虚拟环境之间的交互和沟通。交互子系统的主要功能是接收用户的输入指令、动作或声音，然后将其转化为虚拟环境中的相应行为或反馈，从而实现用户对虚拟环境的探索、操作和交互。键盘、鼠标、手柄等传统的人机交互方式不够自然，采用语音、手势等新型交互方式可以极大地提升虚拟现实系统的沉浸感。随着新兴计算设备的涌现，人机交互成为制约信息技术普及和发展的瓶颈问题，如何实现以人为中心的智能交互、提高用户利用信息资源的生产力是信息技术面临的重要问题。

显示子系统负责将虚拟环境中的图像和内容呈现给用户的感官，通常是通过头戴式显示器或平面显示屏等设备完成。显示子系统的主要功能是提供高质量、逼真的视觉体验，使用户能够沉浸于虚拟环境中，它的性能直接影响用户对虚拟环境的感受。人类获取外界信息的80%来自视觉，虚拟现实显示设备可为用户提供随时随地的视觉信息输入，已成为虚拟现实/增强现实的核心硬件载体。目前虚拟现实显示系统的发展方向是大视场角、高分辨率、轻小无扰以及真实感化等。

1.2.2　虚拟现实技术发展

随着科技的不断进步和创新，虚拟现实技术正逐渐走向成熟，并呈现出多样化和全面化的发展趋势。这些趋势不仅反映了技术本身的进步,也呈现了虚拟现实技术在不同领域的广泛应用前景。

从硬件设备角度,未来的虚拟现实设备将更加轻便,以提高用户的舒适度和便利性。同时,为了提供更逼真的虚拟体验,设备可能会不断提升分辨率和视场角,以增强图像的清晰度和真实感。此外,未来的设备可能会集成生物传感技术,如眼球追踪、心率监测等,以实现更智能的交互和个性化体验。随着智能化技术的发展,设备可能会具备更智能的功能,能够根据用户的行为和环境进行自适应调整,提供更加个性化的虚拟体验。这些发展趋势将不断推动虚拟现实技术的发展,为用户带来更加丰富、沉浸和个性化的虚拟体验。

在软件技术方面,软件工程领域将继续致力于提升实时渲染技术,以实现更高质量、更逼真的图像渲染,从而提升用户的沉浸感和体验。此外,人工智能和机器学习将成为虚拟现实技术的重要驱动力,广泛应用于虚拟场景生成、交互和内容推荐等方面,以实现更智能化的虚拟体验,并提高用户体验的个性化和交互性。同时,软件技术还将进一步推动增强现实技术与虚拟现实技术的融合,实现虚拟与现实的无缝衔接,拓展应用场景和体验。这些软件技术的不断创新和应用将为虚拟现实技术的发展注入新的活力。

虚拟现实技术与人工智能技术的融合是发展的重要趋势之一。通过将虚拟现实技术与机器学习、计算机视觉等人工智能技术相结合,可以实现更加智能化、个性化的虚拟体验。例如,智能化的虚拟助手可以根据用户的行为和偏好,为其提供个性化的服务和建议。此外,虚拟现实也能够为人工智能提供更真实的环境和数据,促进机器学习算法的发展和优化,从而推动人工智能在虚拟现实场景中的应用和进步。

除此之外,元宇宙(metaverse)的构建也是虚拟现实技术的未来发展趋势之一。元宇宙是一个由虚拟世界和真实世界共同构成的数字化空间,为人们提供全新的生活方式和社交方式。随着虚拟现实技术的不断发展,元宇宙将成为人们工作、学习、娱乐的重要场所,为人们带来更加开放和多样化的社交体验。在元宇宙中,用户可以创造、交流、探索,体验到不受时空限制的虚拟世界,从而推动虚拟现实技术向更广阔领域的发展和应用。

随着虚拟现实技术在各个领域的应用不断拓展,跨界融合将为用户带来更加丰富和多样化的体验,同时也将推动不同行业之间的创新和合作。虚拟现实技术与游戏、影视、教育、医疗、工业等领域的结合,将开启全新的体验模式。

1.2.3　元宇宙技术概述

元宇宙指的是由真实物理场景映射,并超越现实可与现实交互共享的在线虚拟世界,且进一步说,它是具备社会体系属性的数字生存空间。元宇宙场景构建以数字孪生技术、虚拟现实技术、人工智能技术为核心,与真实世界的沟通是以人机交互、互联网为基础,并在未来结合区块链、数字货币以及人文科学等最终形成新型数字虚拟社会。

自从元宇宙的概念提出以来,随着智能人机交互、虚拟现实、数字孪生等相关技术、方法、设备的相继提出,如多模态交互、沉浸式头戴式显示器等,元宇宙近年来得到了快速发展和技术验证。

1992 年，Neal Stephenson 在他的科幻小说 *Snow Crash* 中首次提出了元宇宙的概念。2016 年，Oculus VR 公司推出了首款商业头戴式显示器 Oculus Rift。2009 年，大型开放世界游戏 Mine Craft 上线。2015 年，微软推出了增强现实眼镜 HoloLens。2018 年，由 Steven Allan Spielberg 执导的科幻电影《头号玩家》上映，电影中描绘了一个元宇宙雏形——"绿洲"。随着元宇宙的概念越来越清晰，过去几年里包括 NVIDIA、Facebook、Apple 等公司都开始入场元宇宙。2021 年 8 月，NVIDIA 推出了 Omniverse 平台，支持用户创建和运行其自定义的元宇宙应用程序，10 月 Facebook 更名为 Meta，推出逼真虚拟数字人等技术，宣布开启元宇宙技术新纪元。2023 年 6 月，Apple 推出混合现实眼镜 Apple Vision Pro，将数字内容和实体世界融合，带来沉浸式虚实体验，为元宇宙发展带来新的机遇和挑战。

世界上各大科研机构、企业纷纷开展元宇宙的相关研究，陆续发布了不同的元宇宙框架，例如，Meta(Facebook)推出 Horizon Workrooms，基于混合现实桌面技术、键盘追踪技术、手部追踪技术、远程桌面流技术、视频会议集成技术、空间音频技术、新的虚拟代理人模型，为用户提供用于远程工作和协作的元宇宙空间。提出了 Llama2 大语言模型、AudioCraft 音频生成模型，支持从文本中生成音频和音乐；构建 Voicebox 生成式 AI 模型，实现语音生成、编辑、采样、风格化；提出 Massively Multilingual Speech AI 模型，识别多种语言，理解个性化的声音；用 Oculus Insight 技术实现实时 VR 跟踪。NVIDIA 建立了模拟协作平台 Omniverse，用于构建和操作元宇宙应用，提出了 Omniverse Audio2Face、Audio2Gesture 技术，基于生成式 AI 将音频转为动画；Omniverse DeepSearch 技术，基于自然语言 AI 在未标记的 3D 视觉资产数据库中进行搜索；NVIDIA Modulus 模型，以控制偏微分方程(PDE)形式构建具有近乎实时延迟的高保真参数替代模型的神经网络框架。微软推出的 Mesh for Teams，基于手部跟踪技术、眼部跟踪技术、全息投影显示技术为用户提供用于远程工作和协作的个性化虚拟化身和沉浸式空间；提出了 Azure Remote Rendering 技术，实现了在云中渲染高质量的交互式 3D 内容，并将其实时流式传输到 HoloLens 2 等设备；构建了 Avatar Framework 小冰框架，是完整的、面向交互全程的人工智能交互主体基础框架，建立了数字人化身模型 X-Avatar。

北卡罗来纳大学教堂山分校的 Henry Fuchs 教授的团队参与建立了遥存和远程协作的国际合作中心 BeingThere，基于 3D 远程呈现室、远程人员的移动 3D 显示屏、移动式机器人人体模型、自主虚拟人技术、交互数据感知采集和显示技术实现远程协作。法国 INRIA 的 Ferran Argelaguet 教授的团队建立了 GuestXR 系统，基于扩展现实技术创建了一个身临其境的在线社交空间，创建"guest"的机器学习代理，根据神经科学和社会心理学的现有理论模型，分析参与者的个人和社会行为，促进参与者之间的互动，帮助他们实现预期目标。新西兰奥克兰大学情感计算实验室的 Mark Billinghurst 教授的团队提出将情感计算(empathic computing)与协同人机交互、AR/VR 相结合，识别与分享多用户情绪。

我国的科研机构和企业也在元宇宙关键技术上有所突破，如腾讯的"全真互联网"、字节跳动的 PICO 眼镜、网易的"影核"VR 内容生态、北京航空航天大学医用数字人体与虚拟手术、中国科学院软件研究所笔式和多通道智能交互、北京理工大学大视场轻便头戴式显示器(简称头显)、浙江大学原真数字采集、清华大学的"华智冰"虚拟数字人。然而,尽管我国多家企业和研究机构已经开始重视元宇宙,但更多是对虚拟现实、社交软件等原有技术和产品的延伸,缺乏对元宇宙核心技术和本质问题的探讨,大多数元宇宙关键技术仍由国外企业和研究院所垄断。

元宇宙技术不仅实现了数字世界与现实世界的共生共存,为人类提供了一个全新的数字化空间,还推动了数字经济和创新经济的发展,创造了大量的就业机会和经济增长点。元宇宙技术还拓展了人们的社交与交流方式,打破了地域、时间和空间的限制,为人们提供了更丰富、多样化和个性化的生活体验。此外,元宇宙技术的发展还促进了全球合作与共赢,为国际的交流与合作提供了新的平台和机遇,共同应对全球性挑战,实现经济、社会、文化的共同发展和繁荣。

1.3 虚拟现实技术应用

经过半个多世纪的发展,虚拟现实技术在各领域的渗透不断深化、行业应用活跃、市场需求旺盛,虚拟现实产业发展的战略窗口期已经形成。国内外发布了一系列相关政策支持虚拟现实产业的发展,加快突破虚拟现实终端、三维数字内容等元宇宙领域底层关键核心技术,加速虚拟现实技术对文旅、城市、工业等领域赋能,加大人工智能、超高清、元宇宙等数字技术在直播带货、文化旅游、体育赛事、展览展出等消费场景的应用。

1.3.1 国内外政策支持

1. 国内政策支持

2016 年被称为"虚拟现实元年",2016 年 3 月 17 日,《中华人民共和国国民经济和社会发展第十三个五年规划纲要》,简称"十三五"规划,首次将虚拟现实技术作为一个经济科技的新增长点,同年,中共中央、国务院印发的《国家创新驱动发展战略纲要》明确要求加强虚拟现实研究,发展虚拟现实产业,大大提升了虚拟现实技术的地位;工业和信息化部(简称工信部)发布《信息化和工业化融合发展规划(2016—2020)》,提出突破虚拟现实核心技术,加大虚拟现实技术创新,扩大虚拟现实产品研发;2016 年底,国务院印发《"十三五"国家信息化规划》,明确提出要对虚拟现实技术和产业进行战略化前沿布局,构筑新赛场先发主导优势,虚拟现实技术正式提升至国家战略规划的高度。

2017~2018 年,国家多部委陆续出台相关利好虚拟现实技术政策,要求结合虚拟现实技术深入发展应用,在不同细分领域,如文化、教育、旅游、安防等,发挥技术优势。2018 年,工信部再次发布《关于加快推进虚拟现实产业发展的指导意见》,就加快我国虚拟现实技术发展、推动相关产业创新提出明确要求。"虚拟现实"首次直接以标题形式出现在国家部委文件中,标志着我国首次为虚拟现实产业发展做了顶层设计,指导了产业发展的重点、方向、任务、目标。

工信部于 2019 年 6 月举行 5G 商用牌照发牌仪式,我国正式进入了 5G 商用时代,而虚拟现实是 5G 最重要、最具前景的应用场景之一。目前，虚拟现实产业正处于发展的战略窗口期。工信部、教育部等多部门发布了《虚拟现实与行业应用融合发展行动计划(2022—2026 年)》，该计划明确了重要的发展目标、重点任务以及保障措施，旨在推动产业实现高质量快速发展。在《虚拟现实与行业应用融合发展行动计划(2022—2026年)》中对未来五年虚拟现实应用的重点任务进行了详细部署，着重对关键技术融合创新、全产业链条供给能力、多行业多场景应用落地、产业公共服务平台建设、融合应用标准体系等方面进行战略规划。2023 年 7 月，工业和信息化部办公厅、教育部办公厅、文化和旅游部办公厅、国家广播电视总局办公厅、国家体育总局办公厅联合发布《关于征集虚拟现实先锋应用案例的通知》，以配合《虚拟现实与行业应用融合发展行动计划(2022—2026 年)》的开展；2023 年 8 月，工信部、财政部发布《关于印发电子信息制造业 2023—2024 年稳增长行动方案的通知》，再一次强调落实《虚拟现实与行业应用融合发展行动计划(2022—2026 年)》。

2. 国外政策支持

美国政府一直高度重视虚拟现实技术的研发与应用。各政府部门，如美国国家科学基金会、美国国防部(DOD)、美国国家航空航天局(NASA)和美国交通部(DOT)，都推出了一系列虚拟现实技术研发计划。这些计划旨在推动虚拟现实技术的创新，提升其在国防、航空航天、交通运输等领域的应用水平。2017 年，美国国防部资助了用于未来战争的 BEMR Lab 混合现实系统，以增强士兵的实战训练和作战能力。同时，美国国家航空航天局在同年 10 月资助了"基于混合现实、增强现实、虚拟现实的空间中操作、培训、工程设计/分析、人类健康"项目，旨在利用虚拟现实技术提升宇航员的训练效果和太空任务中的工程设计和人体健康监测。美国交通部在 2017 年 9 月宣布资助"利用增强现实进行公路建设"项目的研究工作。美国卫生与公共服务部(department of health and human services，HHS)、应急管理办公室、国家卫生防疫计划部(department of health preparedness and response，HPP)在 2016 年 9 月宣布拟开展虚拟现实培训和检疫服务研究工作，为相关人员提供培训，以应对另一次埃博拉病毒或其他高致病性疾病的暴发。另外，2016 年，美国政府发布了《美国创新战略报告》，其中明确支持新兴技术领域的发展，包括虚拟现实。政策鼓励私营部门和学术界投资研究，并通过美国国家科学基金会等机构增加对虚拟现实技术的资金支持。2018 年，美国政府启动了"美国领先计划"，旨在强化美国在虚拟现实等前沿技术领域的领导地位，并提出了一系列政策和措施以支持虚拟现实技术的发展。2021 年 12 月，美国共和党议员 Patrick McHenry 在国会加密行业听证会提出"确保 Web3 革命发生在美国"。2022 年 3 月，拜登签署《确保负责任地发展数字资产》总统令，要求各机构对虚拟现实、加密货币、数字资产等技术创新和监管政策进行研究。

欧洲各国均把虚拟现实技术纳入国家战略并在虚拟现实领域积极布局。欧洲委员会在 2016 年发布了欧洲数字单一市场战略，旨在促进数字经济的增长和发展。该战略涵盖于对虚拟现实等新兴技术的支持和发展，并提出了一系列政策措施，以加强数字技术的创新和应用。欧盟于 2018 年发布了数字化 2025 战略，加快了数字化进程，提高了欧洲在数字经济领域的竞争力。该战略重点关注新兴技术的发展，包括人工智能、大数据和虚拟现实等，并提出了一系列政策措施，以推动数字经济的发展。

1.3.2 虚拟现实应用案例

虚拟现实技术能够为军事训练、医疗卫生、文化旅游、教育培训、工业生产、商业贸易等多领域进行赋能，在各领域都有着广泛的应用，以下为一些标志性的实例。

1. 军事训练

虚拟现实技术在军事的应用为军事赋能提供了全新的可能性。虚拟现实技术可以提供高度真实的模拟训练环境，帮助士兵进行实战演练，提升其应对复杂战场环境的能力。通过虚拟现实训练，士兵可以在模拟的战场环境中进行各种作战操作，如实弹射击、战术行动等，从而在真实战场上更加从容地应对各种挑战。

以微软与美国国防部合作的集成视觉增强系统(integrated visual augmentation system，IVAS)项目为例，其基于 HoloLens 2 打造，同时包括 Magic Leap、Oculus 等都有大量军事结合案例。IVAS 项目的核心是一款基于微软的 HoloLens 技术的 AR 头戴设备，它具有高度智能化的功能，可以实时显示虚拟信息并将其叠加在真实世界中。如图 1-1 所示，这种设备能够提供士兵所需的各种信息，如战场地图、敌我位置、目标指示、作战指令等，使士兵在战场上能够更加清晰地了解战场态势，并做出更加准确的决策。除了基本的增强现实功能之外，IVAS 设备还具有多种先进的功能，如夜视模式、热成像、智能识别等。这些功能使得士兵可以在各种复杂环境下获取所需的信息，并在夜间或恶劣天气条件下保持战斗力。IVAS 项目制造了一款全面的、可定制的头戴式战斗系统，使士兵能够在战场上获取全面的情报，并实现快速、精确的作战行动。

图 1-1 军用头戴式显示

2. 医疗卫生

虚拟现实技术为医疗卫生行业提供了新的技术与发展机遇。例如，颅底外科手术导航定位系统是针对鼻腔、颅底及咽旁间隙等人体中最复杂结构外科手术的重要医疗设备。产品开发综合应用 VR/AR 现代高科技，通过面向术者实时提供解剖结构的位置信息进行手术导航定位，可以有效降低传统内窥镜技术容易产生并发症、术中操作方向迷失及手术失误等风险，显著提高手术的成功率、降低复发率，具有很好的临床应用价值。国内医疗需求巨大，但相关产品一直以来被国外厂商所垄断。北京理工大学王涌天-杨健团队于 2013 年成功开发出鼻内镜微创手术导航系统原理样机，是国内首创、性能优于国外同类产品的颅底外科手术导航定位系统。如图 1-2 所示，该设备为微创手术装上了"眼睛"和"大脑"，让医生在手术操作中看得更清楚、更全面，降低手术难度、提高手术成功率，造福患者。

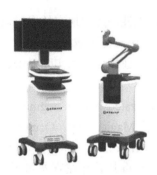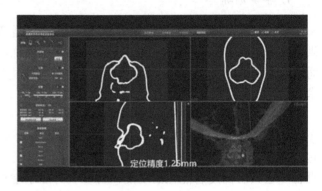

图 1-2　医疗手术导航

3. 文化旅游

虚拟现实技术能够让游客在不出门的情况下，通过虚拟现实眼镜或设备身临其境地体验世界各地的文化遗产和景点。虚拟现实技术也可以帮助文化机构对珍贵的文化遗产进行数字化保存和展示。通过高精度的三维扫描和重建技术，文物和古迹得以在虚拟现实环境中再现，其能够永久保存并向全世界展示，这不仅能够保护文化遗产，也能够让更多人了解和学习历史文化。该技术能够消除文化旅游中的地域和时间限制。游客无须亲临现场，即可通过虚拟现实技术访问世界各地的文化景点，可以随时随地进行体验，大大提高了游客的便利性和灵活性。

Google Arts & Culture 是谷歌开发的一个在线艺术和文化平台，利用虚拟现实技术让用户探索全球各地的博物馆、艺术品和历史遗迹。用户可以通过虚拟现实眼镜或智能手机应用程序在 360°全景下浏览世界知名博物馆的藏品，如大英博物馆、卢浮宫等，以及参与虚拟展览和文化活动。

The VR Museum of Fine Art 这个以虚拟现实技术为基础的在线艺术博物馆，提供了超过 1500 件艺术品的高分辨率数字化展示。用户可以通过虚拟现实眼镜在一个仿真的博物馆环境中游览和欣赏来自世界各地的艺术品，包括绘画、雕塑、摄影等。世界自然基金会(WWF)开发了虚拟现实应用程序 The VR Voyage，旨在通过虚拟现实技术向用户展示全球各地的自然景观和野生动物。用户可以通过虚拟现实眼镜在珊瑚礁、丛林和雪山等不同的自然环境中游览，并了解环境保护的重要性。

4. 教育培训

　　虚拟现实技术在教育培训领域的运用为学习者和教育机构带来了革命性的改变，其高沉浸感和高自由度让学习者仿佛置身于真实场景中，这为他们提供了与传统教学方式截然不同的学习体验。通过虚拟现实技术，学习者可以参与到各种虚拟场景中进行实践性操作和练习，以提升技能水平，如历史事件的重现、生物学的探索、工程项目的模拟等，从而更加直观地理解抽象概念和复杂理论。此外，虚拟现实技术能够根据学习者的个性化需求和学习风格提供定制化的学习体验，促进个性化学习。跨地域合作也得以实现，学习者可以与全球各地的教育机构和专家进行互动和合作。

　　Virtual Laboratories 等虚拟现实应用模拟实验室环境，让学生能够进行安全、实时的实验操作，提高实验技能和科学理解能力。在驾照培训领域，虚拟现实一体式教学机为学员提供了更安全、真实的驾驶体验，让他们在虚拟环境中进行各种交通场景的模拟驾驶，而不必担心交通事故或成本损失，同时节省了实际驾驶所需的成本和资源，提高了培训的灵活性和效率。虚拟现实技术为教育培训领域带来了全新的学习方式和教学方法，为学习者和教育机构提供了更为丰富和多样化的学习资源，有助于提升教学效果和学习体验。

5. 工业生产

　　虚拟现实技术在工业领域的应用为生产制造提供了全新的视角和创新的解决方案。首先，虚拟现实技术可以用于设计和模拟产品的开发过程。通过虚拟现实技术，工程师可以创建出逼真的三维模型，并在虚拟环境中模拟产品的运行情况，从而在产品设计阶段发现和解决潜在问题，节省了大量的时间和成本。以航空工业为例，虚拟现实技术与服务，可以在飞行器设计、生产、制造、训练、维护或运营中全程应用，仿真模拟的方式可以大幅提升设计效率、缩短生产周期，让飞行器在生产前经过完整的流程分析，降低投资风险。如图 1-3 所示，NASA 的"好奇"号漫步者一直在火星表面工作，并向地球发送了足够多的火星照片。NASA 将 Oculus Rift 虚拟现实眼镜(或头戴式设备)与 Virtuix Omni 虚拟现实滑步机结合到一起创造了新的模拟器，让人们从感官上了解在火星漫步是怎样的感觉。

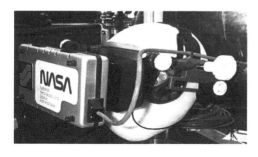
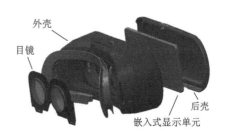

(a)NASA 开发的火星模拟器　　　　　　　　(b)北京理工大学研制的首套登陆太空的 VR 设备

图 1-3　工业生产应用

北京理工大学则研发了用于航天员长期在轨飞行中的心理支持与保障的 VR(虚拟现实)设备,并在神舟十一号飞船飞行任务中进行了成功验证和应用,这是按照航天载荷标准打造出的中国首套登陆太空的 VR 设备。

6. 商业贸易

虚拟现实技术为商贸创意赋能的典型实例之一是虚拟现实购物体验。通过虚拟现实技术,商家可以建立虚拟商店,如美妆品牌 Sephora 的 Virtual Artist 应用,该应用允许用户使用手机或 VR 头显尝试各种化妆品,从口红到眼影,而无须亲自前往实体店。用户可以通过虚拟现实模拟试妆,选择适合自己的颜色和风格,提高了购物体验的个性化和互动性,同时促进了销售。一个实例是虚拟试衣间。许多时尚零售商利用虚拟现实技术创建了在线虚拟试衣间,如 GAP 和 ZARA 等品牌。这些虚拟试衣间允许用户使用手机或 VR 头显在虚拟环境中试穿衣服,以便更好地了解其外观和尺寸。

此外,虚拟现实技术还为商贸创意领域带来了在线协作和交流的新方式。例如,虚拟会议平台 Spatial 允许用户在虚拟空间中举行会议和团队协作,与团队成员远程实时交流,共同编辑文件和展示创意。这种虚拟协作的方式打破了地域限制,提高了团队的效率和创造力,促进了商贸创意产业的合作和创新发展。虚拟现实技术为商贸创意领域带来了更多数字化和创新的机遇,通过虚拟现实购物体验、虚拟展览和艺术品展示以及在线协作平台等实例,拓展了商贸创意产业的发展空间,提升了用户体验和合作效率,推动了行业的创新和升级。

第2章 输入设备

输入设备是用户与虚拟世界交互的重要部分,可分类为被动输入(系统获取而非用户发出)和主动输入。被动输入可以为系统提供环境和用户的相关信息,主动输入可以极大地增强虚拟环境的沉浸感。本章将从位姿跟踪、脑机接口、手势接口、眼动接口和漫游与导航接口等方面介绍各类输入设备和交互方式。

2.1 位 姿 跟 踪

位姿跟踪是 VR 系统的关键部分,作用是追踪用户身体部位的三维位置,获取用户在真实世界中的运动信息或环境中目标物体的运动信息,从而为用户与虚拟环境进行交互奠定基础。位姿跟踪将跟踪对象视为刚体并获取其位置和方向,主要跟踪头部运动、手部运动等,获取的信息可用于视图控制、为更细节的跟踪提供基础信息、导航和对象操作等。图 2-1 中所示的三种情况下,头部的三维位置相同但方向不同,头部位姿跟踪结果为眼动跟踪和最终视角的获取提供了基础信息。位姿跟踪不需要用户进行有意识的操作,是系统默认自动跟踪必要的物理运动。

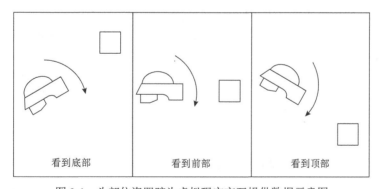

图 2-1　头部位姿跟踪为虚拟现实交互提供数据示意图

2.1.1 位姿跟踪的相关概念

位姿跟踪通常用自由度(degree of freedom,DOF)衡量描述刚体运动所需的参数量。标准的操纵杆设备允许操纵杆围绕两个独立的轴移动,因此是一个 2-DOF 输入设备;扩音器上的音量旋钮只允许旋转,所以属于 1-DOF 输入设备。当一个物体在无外界约束的情况下自由运动时,对其进行跟踪需要 6 个自由度,包括沿 x、y、z 坐标轴的平动与绕 x、y、z 坐标轴的转动,分别称为位置坐标 x、y、z 和角度坐标偏航(yaw)、俯仰(pitch)、滚动(roll)。

2.1.2 位姿跟踪系统的性能指标

位姿跟踪系统的性能指标主要有如下几方面：测量误差、时间特征，以及合群性等其他性能。除了可量化的性能指标外，在设计时还需要考虑用户体验感等众多因素。

1. 测量误差：精度/分辨率、抖动、偏差

传感器的分辨率是两个测量值之间可以进行区分的最小差异。因为分辨率的假设不存在静态或动态误差，所以它是一种理论上的特性。传感器的精度定义为传感器测量出的三维位置与对象真实的三维位置之间的差值，测量精度主要受随机测量误差影响。

真实世界中传感器的测量误差主要包括系统测量误差和随机测量误差两部分。系统测量误差指由于静态偏移、各类比例因子误差等导致的实际测量值与理想真实值的系统偏差，可通过各类改进后的校准工作进行缓解。例如，随时间推移而累积的误差通常需要使用一个没有偏差的间接跟踪器周期性地进行消除。随机测量误差也称为噪声或抖动，是由于噪声和传感系统本身不受控制的影响而产生的无法避免的误差。

2. 时间特征：延迟、更新率

延迟在广义上是指动作与结果之间的时间差。对于三维跟踪器，延迟是对象位置/方向的变化与跟踪器检测这种变化之间的时间差；对于位姿跟踪系统，延迟是从发生物理事件(如跟踪目标发生运动)到该数据可供 VR 系统应用程序使用所需的时间。延迟过大会造成用户体验不愉快甚至产生眩晕。

更新率是每个给定时间间隔(通常是 1s)执行的测量次数。跟踪器的更新率越高，系统的动态响应能力就越强。使用同一个跟踪器测量多个移动对象时，更新率会受到多路复用的影响，同时，使用不同跟踪器也需要相互协调更新率，更新率在传感器融合中是非常重要的参数。

3. 其他：抗干扰性、合群性

抗干扰性是指一个系统在相对恶劣的条件下避免测量错误的能力，反映了系统稳定性的高低。干扰可分为遮挡和畸变两大类，其中，遮挡指其他的物体挡在目标物和探测器之间所造成的跟踪困难；畸变指由于一些物体的存在而使探测器所探测的目标定位产生误差，如电磁材料会对电磁跟踪器产生影响、镜面反光和环境纹理会对光学跟踪器产生影响等。

合群性是指传感器对多用户系统的支持能力，包括操作空间范围和多目标跟踪能力。实际的位姿跟踪系统大多限定在工作区域内进行跟踪和测量，工作空间的范围定义为操作空间范围。多目标跟踪则是多用户系统所必需的，它通常取决于一个系统的组成结构。

除了以上这些性能参数，位姿跟踪系统的搭建还需要考虑采样率、执行时间、工作时间、价格成本、范围内的障碍、硬件体积和重量、校准难度、相对位姿跟踪等众多因

素，需要平衡主要因素和次要因素。

2.1.3 三维位置跟踪器

在位姿跟踪中，三维位置跟踪器通过处理传感器获得的环境中的物理信息得到目标物体的位置与方向，一个常见的用例是使用三维位置跟踪器跟踪参与者的头部和参与者的一只手或两只手。根据传感器所基于的原理，可将其分类为机械跟踪器、电磁跟踪器、超声波跟踪器、光学跟踪器、惯性跟踪器和混合跟踪器等。

1. 机械跟踪器

机械跟踪建立在机械工程方法的基础上，是出现时间非常早的一类跟踪技术。机械跟踪需要用户和测量设备之间存在直接的物理连接，同时需要了解该物理连接的机械结构(如关节的数量、DOF、关节臂的长度等)，其中，关节连接角通常利用增量式编码器或电位计测量。如图 2-2 所示，根据关节臂长度和测量的关节连接角度，可以建立运动链的数学公式，以确定末端执行器的位置和方向。根据实时读取的机械连接关节处传感器的数据确定机械跟踪器的末端执行器相对起点的位置和方向。

大多数机械跟踪系统只能提供单点的跟踪。因为机械连杆的旋转和线性测量几乎可以在瞬间精确地完成，所以机械跟踪器具有抖动较小、延迟较低、性能可靠、简单且易于使用、潜在的干扰源较少的优点，机械跟踪器的精度通常取决于关节传感器的分辨率。其缺点是机械结构会限制工作范围和用户操作，机械结构的重量和惯性会影响用户体验。除了使用

图 2-2 机械跟踪器实物示意图

力触觉的系统，现代 VR 系统通常优先选择非接触的跟踪器，但机械跟踪器具有高精度和高速度的优势，所以会用于校准或评估其他跟踪系统。

2. 电磁跟踪器

电磁跟踪器一般由发射器、接收传感器和数据处理单元组成，是一种非接触式的位置测量设备，通过一个固定发射器产生的电磁场来确定移动接收单元的实时位置。地球磁场可以作为测量的基础，但通常不够精确，因此需要特别为测量创建一个额外的磁场。如图 2-3 所示，以线圈为例，当给一个线圈通上电流后，在线圈的周围将产生磁场，磁传感器的输出值与信号源和接收器之间的距离、磁传感器接收轴与发射线圈发射轴之间的夹角有关。

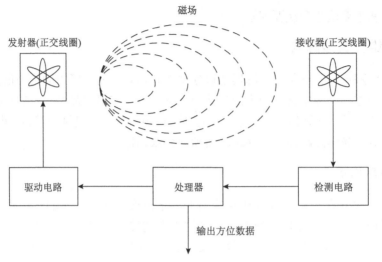

图 2-3 电磁跟踪器原理

仅使用单个线圈作为信号源和传感器无法计算出传感器在空间中的位姿,因此通常采用正交线圈。三个互相垂直的线圈被依次激励后在空间产生按一定时空规律分布的电磁场(交流电磁场或直流电磁场)。使用交流电磁场时,接收器由三个正交的线圈组成,使用直流电磁场时,接收器由三个磁力计或霍尔效应传感器组成。交流电磁跟踪器采用正弦交流信号驱动发射线圈产生一个交变磁场,进而在接收线圈中产生感应电流,电流大小与磁通量幅度和信号频率有关。直流电磁跟踪器利用脉冲、恒定电流产生激励磁场,以使传感器能产生一个恒定的感应电流。两者都是通过测量信号源磁场中的局部值计算接收器与信号源之间的距离。由于接收信号随距离衰减较快,电磁跟踪器的工作范围是有限的。

电磁跟踪器的发射器往往固定在已知的位置和方向上,用以计算接收器的位姿。多个接收器通常放置在用户身上(通常是头部和一只手上,如图 2-4 所示)或者使用的任何道具或手持显示设备上。电磁跟踪器的优点是成本低、体积小、质量轻、速度快、实时性好、装置的定标较简单、技术较成熟且鲁棒性好;缺点是会受环境中铁磁材料的影响、抗干扰性差,耦合信号随距离增大迅速衰减,会限制工作范围及影响电磁跟踪器的精度和分辨率。

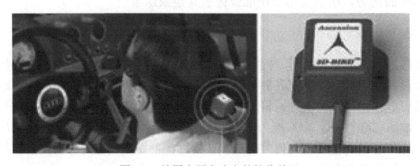

图 2-4 放置在用户头上的接收单元

3. 超声波跟踪器

超声波跟踪器使用由固定发射器产生的超声信号来确定移动接收单元的实时位置，是一种非接触式的位置测量设备。超声波跟踪器利用每隔固定时间发出的高频声音测量发射器和接收器之间的距离，如图 2-5 所示，主流方法包括飞行时间法和连续波相干光测量法。多个超声波接收器可以同时拾取一个信号，所以多个发射器需错时发送脉冲。

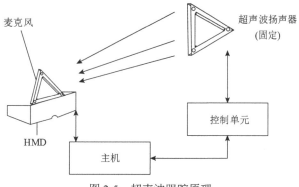

图 2-5 超声波跟踪原理

飞行时间法的原理是通过测量超声波的飞行时间延迟来确定距离，通过使用多个发射器和接收器获得一系列的距离量，从而计算出准确的位置和方向。飞行时间法的超声波跟踪器在小的工作范围内具有较好的精度和响应性,但是易受到外界噪声脉冲的干扰，同时，随着距离增加，跟踪数据的刷新率和精度会降低。连续波相干光测量法通过比较基准信号和传感器检测到的发射信号之间的相位差来确定距离。它的优点是具有较高的数据传输率，可保证系统检测的精度、响应性以及耐久性等，不受到外界噪声的干扰，但是发射器和接收器之间必须间隔一定的最小距离以产生最小信号差异。

超声波跟踪的优点是发射器成本低、测量技术简单且传感器体积小，因此可以通过安装大型发射器阵列来增强跟踪稳健性和扩展测量范围。超声波跟踪最大的弱点是超声波本身的属性限制，工作范围的环境条件、障碍物、环境噪声和多次反射都会影响测量，声速较低会导致延迟严重。

4. 光学跟踪器

光学跟踪器使用光学感知来确定对象的实时位置和方向，是一种非接触式的位置测量设备。光学跟踪器不受金属物质的干扰，但是要求发射器和接收器之间没有遮挡。光的传播速度非常快，所以光学跟踪器刷新率较高且延迟低，同时具有较大的工作范围。

相机模型结合坐标变换可完成世界坐标系—摄像机坐标系—图像坐标系—图像像素坐标系之间的坐标变换和投影。世界坐标系和摄像机坐标系之间的关系遵从欧氏(刚体)变换；三维摄像机坐标系与二维图像坐标系之间的关系可由投影变换描述，通常需要在系统运行前进行离线校准；图像坐标系经过比例因子缩放可转换至图像像素坐标系并最终呈现在显示屏上。

常见的光学跟踪器包括标志点、发光/反光体和自然特征。光学跟踪器根据布置方式可分为从外向里看(outside-in)和从里向外看(inside-out)两种类型。其中，从外向里看指将传感器固定安装在环境中观察移动目标，即光学感知部件是固定的，用户身上佩戴发光或反光的标志。从里向外看的布置方式中，环境里的标志通常相隔足够远，此时跟踪对于方向上的变化是最敏感的。目前，很多计算机视觉技术已经能够在完全陌生的环境中提取自然特征，不必人工设置标记。从外向里看跟踪的灵敏度随标志物与照相机之间距离的增加而降低，同时在环境中布置传感器会限制用户的工作空间。从外向里看布置类型的光学跟踪器主要用于动画制作和生物力学中的运动捕捉。

5. 惯性跟踪器

惯性跟踪器基于惯性测量系统，通过自约束的惯性传感器测量一个对象的方向变化速率或平移变化速率，主要的惯性传感器包括测量角速度的陀螺和测量加速度的加速度计。现代惯性跟踪器中一个非常重要的传感器是微机电系统(microelectromechanical system，MEMS)惯性传感器，是一种集成了陀螺和加速度计的硅基传感器。在实际 VR 系统应用中，MEMS 这类跟踪系统通常仅限于方向测量，一般会将其整合到价格低廉的消费类硬盘、智能手机和一些游戏控制器中。

地磁定姿原理通过测量地球的重力场及磁场来计算运动物体的 3-DOF 方向数据，是陀螺的核心原理。地磁场的强度大约为 0.5Gs(1Gs = 10^{-4}T)，其水平分量与地球表面平行，指向地磁北极。在定姿时首先确定地磁场的水平分量 H_X 和 H_Y，进而确定与地磁北极的夹角，然后在计算结果中加入地磁偏角来找到真北，进而获取运动物体在参考空间中的方位。

惯性跟踪器是自包含的单元，因为可以无源操作，所以理论上的工作范围可以无限大，且不要求环境中必须无障碍，数据刷新率很高，能够有效地降低延迟，价格低廉且质量较好；缺点是误差会随着时间的推移在系统中积累，可通过使用其他跟踪器的数据周期性重新设置惯性跟踪器的输出来解决积累偏差问题。

6. 混合跟踪器

改进传感器跟踪性能的一个有效解决方案是同时使用多种类型的传感器，即传感器融合。使用两种或两种以上位置测量技术来跟踪对象的系统称为混合跟踪器，通常能取得比使用任何一种单一技术更好的性能。根据融合方式的不同，传感器融合方法可分为互补型、竞争型和协同型，这几种类型之间并不是严格的互斥关系，具有一定范围的重合。

1) 互补型传感器融合

当多个传感器提供不同的 DOF 时会发生互补传感器融合，此时，传感器之间除了合并结果数据外不需要其他交互。互补型传感器融合中最常见的是将位置传感器与方向传感器相结合，以产生完整的 6-DOF。图 2-6 所示为 InterSense IS-900 跟踪定位器系统，它是基

图 2-6　InterSense IS-900 跟踪定位器

于惯性和超声波定位混合技术的 6-DOF 位置跟踪与交互定位系统。

2) 竞争型传感器融合

竞争型传感器融合将不同类型传感器独立测量的同一 DOF 数据进行融合，使用某种数学融合方法将单个测量结果组合成一个更高质量的测量结果。通常情况下采用统计模型方法进行数学融合。因为多个传感器通常更新率不同，且以不规则、交错的方式提供新的测量值，所以建立一个统计状态模型并在有新的测量值时对其进行更新。一种常用的结合绝对传感器与相对传感器的统计模型传感器融合设备是惯性测量单元(inertial measurement unit，IMU)。一个完整的 IMU 配置由三个相互垂直的加速度计、陀螺仪和磁力计组成，通过三者的信息融合补充得到更加精确的位姿结果。竞争型传感器融合的一种简单变体是冗余型传感器融合。只有当主传感器无法工作时，备用传感器才会接管。例如，汽车上的里程表可以弥补 GPS 接收时断时续的问题。

3) 协同型传感器融合

协同型传感器融合描述为对于测量某特性的传感器组合，缺少组合中的任何传感器都无法测出该特性。一种常见的方法是在一个已知的刚性几何结构中使用多个传感器。有些采用相同的传感器，如双目摄像机；也可以采用不同类型的传感器，如 RGB-D 相机。协同型传感器融合中还有一类是主传感器依赖辅助传感器获得的信息来帮助其测量。例如，当今大多数智能手机都包含辅助全球定位系统(assisted global positioning system，AGPS)，利用网络借助移动通信运营基站提供位置信息来加快 GPS 定位。

2.2　脑　机　接　口

脑电信号指脑神经细胞自发产生的生物电位，反映了神经元的激活状态和相互作用情况。随着电子仪器与计算机等技术的飞速发展，人们能够更便捷地获取更高质量的脑电信号，通过脑电信号更精准地分析大脑活动并基于分析结果实现与周围环境的交互，因此，近年来脑机接口(brain computer interface，BCI)技术蓬勃发展。

2.2.1　脑机接口基本概念

1. 定义

大脑皮层的神经元通过释放兴奋性神经递质和抑制性神经递质在神经元之间产生突触后电位。众多神经元的电活动经过积累在大脑表面形成电场，可以被仪器记录为脑电图(EEG)信号。脑机接口定义为通过在人脑与机器之间建立直接联系，在不经过外周神经和肌肉组织的情况下即能与计算机之间进行交互。如图 2-7 所示，脑机接口综合了脑科学、信号处理、计算机科学、心理学等众多学科的最新成果，旨在解码原始神经信号并将其转换为可操作的命令。作为脑机接口的常用信号之一，脑电信号携带了关于大脑活动的丰富信息，涵盖了从感知、认知到运动执行等多个方面。通过分析脑电信号，研究人员能够识别出不同的脑电模式，从而实现对用户意图的解码和识别。

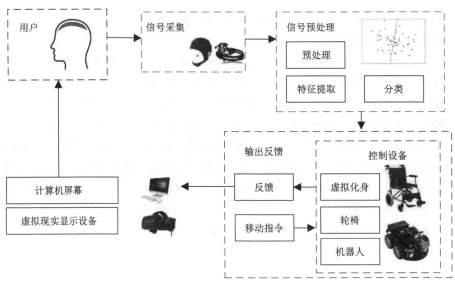

图 2-7　脑机接口的系统组成

2. 分类

基于脑电信号的脑机接口系统按照控制信号的类型可以分为主动式脑机接口(active BCI)与反应式(被动式)脑机接口(reactive BCI)。视觉诱发电位(visual evoked potentials, VEP)等反应式脑机接口通过诱发被试对特定视觉、听觉、触觉类刺激的反应及对反应模式的分析获得被试当前注意力的相关信息,从而破解得到被试的交互意图。反应式脑机接口的控制信号为外源性(exogenous)的,通常需要提供外部刺激的额外设备与结构化的环境,其交互流程也依赖于外部刺激的时序。主动式脑机接口主要依靠被试产生内源性(endogenous)的控制信号。典型的主动式脑机接口为运动想象(motor imagery,MI)脑机接口,即用户想象一个运动而不是实际执行一个真实的运动。这两种脑机接口都各自具有优缺点,其中,反应式脑机接口系统具有较高的刷新率、较短的训练时间和易被用户掌握等优点,但其持续的刺激易使用户注意力分散。主动式脑机接口系统由用户自主控制,但吞吐量和刷新率较低,且需要较长的训练时间。

按照电极的放置位置进行分类可以将脑机接口分为侵入式、半侵入式和非侵入式。侵入式脑机接口将微电极阵列或深度电极插入大脑皮层内或脑膜下,通过直接接触神经元活动以获取脑电信号。侵入式脑机接口方法能够提供高灵敏度和高空间分辨率的脑电信号,但是这种方式需要经过专业外科手术才能实现,对被试者的侵入性较高。此外,由于材料的限制,植入的电极会因为免疫排斥而导致测量效果逐渐变差,因此侵入式脑机接口的应用范围有限。半侵入式脑机接口方法介于侵入式脑机接口和非侵入式脑机接口方法之间,往往处于颅内但并不直接接触神经元,以避免对神经元造成损害。常见的半侵入式脑机接口方法将电极放置在颅骨和大脑皮层之间的硬脑膜上以获得相对较高的脑电信号分辨率。近年来出现了一种通过血管放置电极的特殊半侵入式脑机接口方法,称作管内脑电图。这种方法将电极支架植入到用户的静脉中,然后通过血管到达脑内,可以直接记录对应脑部区域的神经活动。半侵入式脑机接口方法虽然能够提供较高的信噪比和空间分辨率，但仍然需要一定的手术操作，显著影响用户意愿，在非医疗领域应用较少。非侵入式脑机接口方法，即脑电图是最常用于临床和科研的方法之一。这种方法通过在头皮表面放置电极阵列或电极帽来记录脑电信号，不需要进行任何外科手术。虽然与其他方式相比，非侵入式脑机接口信号质量略差，但其具有时间分辨率高、便携、安全、成本低的优点，因而受到了广泛关注，在大规模研究和临床应用中得到了广泛应用。

获取的脑电信号根据其对应的效果不同可以分为 delta 节律、theta 节律、alpha 节律、beta 节律和 gamma 节律，详述如下。

(1) δ(delta)节律。delta 节律一般出现在小于 4Hz 的频率范围，其幅度往往是 EEG 信号中最高的。delta 节律通常出现在睡眠状态(一般认为是大脑皮层处在抑制状态)成年人的前额，在婴儿的后方大脑皮层中也比较常见。

(2) θ(theta)节律。theta 节律的频率范围为 4～7Hz，在大龄儿童和成年人的嗜睡或刚睡醒状态时可以监测到，也会在冥想状态中出现。theta 节律广泛出现在弥漫性脑病、代谢性脑病或脑积水等疾病中，过多的 theta 节律代表大脑的异常活动。成年人在感情压抑，特别是在失望和遇到挫折时也容易出现 theta 节律，可持续 20～60s，并在精神愉快时消失。

(3) α(alpha)节律。alpha 节律的频率范围为 7～15Hz。Hans Berger 将所看到的第一个有节奏的脑电图活动命名为"alpha 波"，称为"后基本节律"，可在头部的后部两侧区域中监测到，振幅较高。alpha 节律会随着用户精神上的兴奋(或集中)而衰减。

(4) β(beta)节律。beta 节律的频率范围为 15～30Hz，在大脑两侧对称分布区域最为明显。beta 节律的活动与用户的运动行为密切相关，并且通常在执行运动期间减弱。beta 节律是睁开眼睛的正常人的主要脑电节律。低振幅 beta 节律通常与主动运动、忙碌或焦虑的思维和主动集中注意力有关。

(5) γ(gamma)节律。gamma 节律频率范围为 30～100Hz，认为是不同神经元群体结合成一个神经网络以实现一定的认知或运动功能所产生的脑电信号。

脑电信号同样可按时域特征进行分类，事件相关电位(event-related potential，ERP)是一种通过电生理记录技术测量大脑在特定事件(如听觉、视觉刺激或认知任务)发生时产生的电信号。不同事件会引发大脑产生不同的 ERP 波形，反映出大脑对这些事件的不同反应。ERP 代表了脑电信号在时间上的动态变化，揭示了大脑在处理不同任务时的时域特征。脑电信号获取过程中会夹杂大量噪声，为了得到明确稳定的 ERP 波形，需要对大量试次进行叠加和平均。在这个过程中，由于脑电信号的相位和幅度在不同试次之间是随机变化的，但与特定事件相关的信号是一致的，因此通过叠加和平均，与事件无关的随机噪声将会被抵消，而与特定事件相关的信号则会保留和突出。由于不同 ERP 的振幅和特征不同，进行叠加的试次数量也有很大差异。如图 2-8 所示，P300 等振幅较大的 ERP 进行数十次的叠加就能获得较好的效果，而反映语义加工和意义理解的 N400 以及在运动中获取的具有较大噪声的 ERP 往往需要数百次的叠加才可以观察到清晰波形。

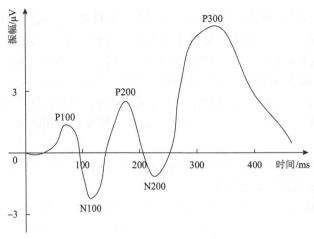

图 2-8　经典 ERP 示例

2.2.2　脑机接口实现原理

1. 实验范式

在脑机接口实验中,范式是研究人员设计和执行实验的基本框架,包括一系列的实验条件、任务和刺激,以及相应的数据采集和分析方法。范式的设计是为了探索特定的神经活动或认知过程,其提供了一种标准化的方法来研究特定的神经现象或认知过程。通过使用相似的实验设计,研究人员可以比较不同实验结果之间的差异,从而更好地理解特定的神经机制或认知功能,并对特定脑电信号加以利用。此外,范式的标准化还有助于不同实验室之间的结果复制和验证。

1) 运动想象

运动想象是脑机接口一种常用的范式类型,综合了视觉、触觉、本体感觉和肌肉运动的想象。运动想象定义为通过对身体部位(如手、脚、舌头等)的动觉运动的想象形成的大脑活动。这种感觉运动节律会导致对侧感觉运动皮层脑电信号中 α 频段(8~12Hz)和 β 频段(13~30Hz)振幅的降低,这种现象又称为事件相关去同步化(event-related desynchronization, ERD)。通过对 ERD 的检测可以实现对不同运动意图的分辨,以此实现有效信息输出。目前,运动想象脑机接口主要应用在通信和医疗领域,如拼写设备、轮椅或假肢控制以及人体运动功能的强化、恢复和重建等方面。

2) P300

P300 是脑电信号中一种重要的事件相关电位,广泛应用于脑机接口系统中。P300 通常在视觉或听觉刺激后 300ms 左右出现,因此得名。P300 在 BCI 中广泛用于识别用户的意图和提供反馈。

当被试注意到发生频率较低的刺激时,P300 ERP 会在被试大脑皮层中自然出现。在P300-BCI 范式中,通常采用的是闪烁字符矩阵或音频刺激。在一个典型任务中,被试被要求关注一个矩阵中的字母或数字等特定字符,然后在每个时间点上矩阵中的字符会随机闪烁。当闪烁的字符是被试关注的字符时，P300 会在脑电信号中出现，系统利用这一特征来检测被试的意图。P300-BCI 系统已成功应用于控制轮椅、实现拼写和通信、进行游戏和娱乐等许多领域。

3) 稳态视觉诱发电位

稳态视觉诱发电位(steady-state visually evoked potential，SSVEP)是让被试注视频率恒定的光源或视觉刺激而产生的脑电信号，在这种刺激下，大脑皮层的神经元群体会同步地产生相对应的电信号。SSVEP 可用于研究人类视觉系统的特性和开发脑机接口，通常在脑电信号频谱中以特定频率的峰值出现，这个频率与呈现给被试的视觉刺激的频率相对应。这意味着当被试注视特定频率的光源或视觉刺激时，大脑皮层的神经元会以相同的频率产生同步振荡，形成明显的电信号。作为反应式脑机接口的范式，应用 SSVEP技术的脑机接口通常不需要太多的训练。被试只需注视特定频率的闪光刺激就能够产生相应的脑电信号，因此对于使用者来说更加容易上手。

4) 错误相关电位

错误相关电位(error-related negativity，ERN)是一种事件相关电位，通常在被试认知任务中出现错误时观察到。ERN 是脑机接口系统中的重要指标，可用于识别和解释用户的错误行为，并为系统提供及时的反馈。ERN 是一种负向的 ERP 成分，在错误行为发生后 100～300ms 内出现，其被认为是一种反映认知控制和错误监测过程的生物标志。

除了对错误进行反馈，ERN 的幅值还会根据冲突的严重程度发生变化，可根据这一特点对事物进行复杂控制。例如，利用 ERN 幅值对虚拟场景中物体的前进方向进行控制。当 ERN 的幅值较大时，说明被试意识到了较大的错误，那么系统可以将物体前进的方向进行较大调整。相反，当 ERN 的幅值较小时，说明被试可能只是犯了一个小错误，那么系统可以选择轻微调整物体运动的角度，逐渐靠近正确方向。

2. 采集设备

脑电信号采集系统由脑电帽或电极阵列、导联盒、信号放大器以及数据记录软件等组成。其中，脑电帽或电极阵列包含了多个电极，放置于头皮上来记录脑电信号。电极的排列和数量可以根据需要进行调整，以适应不同的实验设计和研究目的。导联盒是连接在电极上的部件，用于将电极信号传输到信号放大器，可以是一种连接线束或类似的结构，负责收集和传输电极的信号。信号放大器是用于放大和增强电极信号的设备，通常包括前置放大器和主放大器，前置放大器负责在信号传输过程中增加信噪比和减少干扰，主放大器则进一步放大信号，并将其转换为数字信号以进行进一步处理和分析。数据记录软件对采集到的数据进行实时记录，同时对整体采集系统实现控制和管理，以及进行后续的数据处理、分析和可视化。

2.2.3 脑机接口信号分类算法

如何设计精准的特征提取与分类算法对脑电信号进行分析是脑机接口研究中的重点问题之一。随着机器学习技术的快速发展，脑电信号分类算法经历了从手工分析特征与简单的阈值分类器到数据驱动的特征提取与分类算法的发展历程。近年来，随着深度学习技术的发展，基于神经网络的分类器也越来越广泛地用于脑电信号分类领域。

1. 基于生理先验的分类算法

早期的特征提取算法基于先验知识手工提取特征。这些特征通常基于医学领域的专业知识和经验，通过分析信号的频域、时域等特性提取具有生物学意义的特征。在 EEG 分析中的特征包括频谱能量、时域振幅、波形形态等，分类算法通过简单地设置阈值对大脑状态进行分类。

由于自然状态下产生的脑电信号并不稳定，诱发产生的脑电信号往往不能达到分类要求，因此利用运动想象的主动式脑机接口受到了严重限制。在应用时需要对被试进行长期训练，直到其中一些被试产生的脑电信号达到要求为止，长期的训练要求限制了脑机接口技术发展。此外，并不是所有被试经过训练都能达到要求，这同样影响了脑机接口的应用。研究人员希望利用位于大脑半球中央脑沟区域的 μ 节律控制虚拟光标的运动。实验中招募了 5 名被试，被试利用脑电移动光标从屏幕中间位置到达屏幕顶部或底部边缘的目标区域。研究团队在后续的研究中进一步采集了两通道、双极性的脑电信号，并训练被试使用同样的方法来操控二维光标的运动。两通道脑电信号的幅值之和用来表示光标的垂直移动，其差值则用来表示光标的水平移动。经过 6～8 周的运动想象训练后，5 名被试者中的 4 名能达到满足要求的分类精度。

由于利用的是用户受到刺激后所产生的自发反应，因此反应式脑机接口利用设置阈值往往也能获得较好的检测效果。例如 EngageMeter 演讲辅助系统，通过分别测量参会者 α、β、θ 三个频段的脑电功率设计并计算了负荷指数 E，该指数反映了持续注意力程度，通过向演讲者实时呈现参会者注意力程度，演讲者可以及时改变演讲策略。

2. 基于数据驱动的分类算法

随着机器学习技术的发展，数据驱动的特征提取与分类技术能让脑机接口的初次使用者无须长达数月的训练，只需进行数小时的校正实验就能掌握脑机接口系统的控制能力。典型的时域特征提取方法是自回归模型，具有分辨率高、光谱平滑、适用于短数据等特点。频域特征提取方法中目前使用较广泛的是基于快速傅里叶变换(fast Fourier transform，FFT)的功率谱密度(power spectral density，PSD)以及基于韦尔奇方法的功率谱密度。

典型的时频特征提取方法包括短时傅里叶变换(short-time Fourier transform，STFT)和小波变换。小波变换可以将信号分解为多分辨率和多尺度信号，有助于更好地推导出动态特征，对于非平稳、非线性、非高斯且具有节律性的运动想象脑电信号分析具有重大意义。

运动想象脑电信号的传统机器学习分类算法包括线性分类器、非线性贝叶斯分类器、最近邻分类器和组合分类器。其中，线性分类器主要包括线性判别分析(linear discriminant analysis，LDA)、正则线性判别分析和支持向量机(support vector machine，SVM)。线性判别分析的原理是利用超平面投影使投影后类内方差最小，类间方差最大，该方法计算量小、使用简单。支持向量机的基本原理是通过寻找最大间隔超平面使得特征空间上的间隔最大，该方法对高维特征向量具有鲁棒性，不需要大型训练集便可获得较好分类结果。非线性贝叶斯分类器主要由二次分类器和隐马尔可夫模型组成，适用于脑机接口时序序列的特征分类。最近邻分类器中最常用的是 k 近邻(k-nearest neighbor, KNN)算法，其原理是不同类对应的特征在特征空间中形成单独的聚类，相邻的特征属于同一个类，因此也适用于脑机接口系统特征向量的低维分类。组合分类器是多个分类器算法的组合，通过组合最大化输出。

基于数据驱动的分类算法可以实现分类器的自动识别和学习，但仍需要研究者对特征提取、特征选择等方法进行组合。

3. 基于深度学习的分类算法

深度神经网络通常需要大量的样本进行训练，然而 EEG 信号的采集周期长、采集过程复杂，且被试在采集过程中容易产生疲劳，因此公开的 EEG 信号数据规模远小于图像、文字和语音等数据。此外，EEG 信号采集设备不同、采集标准不统一、个体间信号差异大等特点也增加了跨被试与跨实验组的信号分析的难度，这些因素都限制了深度学习在脑机接口领域的应用。近年来，随着深度学习技术的进一步发展，国内外学者针对基于深度学习的脑机接口技术开展了大量的研究工作。

深度学习被首先应用于左手/右手运动想象 EEG 信号的分类判别，研究人员利用深度学习构建了一个包含 8 个隐藏层的深度置信网络(deep belief networks，DBN)，该网络在全部 4 个被试的测试中的分类表现均优于经典机器学习算法 SVM。受卷积神经网络(convolutional neural networks，CNN)在计算机视觉领域得到了广泛应用并取得了优于传统机器学习方法效果的启发，基于深度卷积神经网络的分类模型通过增加网络的深度来提高其学习能力，试图从高维脑电信号中学习到具有区分性的特征。基于卷积神经网络和自编码器的分类模型则对网络输入进行了优化，将多通道脑电信号转换为二维图像输入网络，并利用 6 层堆叠自编码器进行分类。该模型采用端到端的方式学习时域和频域的双重特征。该算法在公开数据集 BCI Competition IV dataset 2b 上的表现优于先进的传统机器学习分类算法滤波器组共空间模式(filter bank common spatial pattern，FBCSP)和双生支持向量机(support vector machine，Twin SVM)。

卷积神经网络在计算机视觉领域表现出色，能够学习丰富的视觉特征，但对于脑电信号特征的学习缺乏专门的处理。与此同时，由于脑电信号的采集过程复杂耗时，脑机接口领域可用于训练的样本数量有限。而卷积神经网络具有较大的模型容量，容易出现过拟合现象。另外，脑电信号具有非平稳性和高可变性，使得在有限的用户数据中训练的分类器很难成功地应用到其他用户在不同时间的数据分类中。因为个体之间的生理差异会严重影响模型的表现，相关技术仍处在发展过程。设计出适应于脑电信号频域特征提取的神经网络结构是提升脑电信号分类算法精度的关键问题之一。

4. 应用实例

图 2-9 所示为一个通过运动想象范式实现二维光标控制的实例。用户在想象某种运动(如左手或右手的运动等)时，大脑产生的特定电信号由 EEG 设备捕捉并处理，经过信

号处理和模式识别系统将这些脑电信号转换为相应的光标移动指令，从而可在二维平面上控制光标的移动。

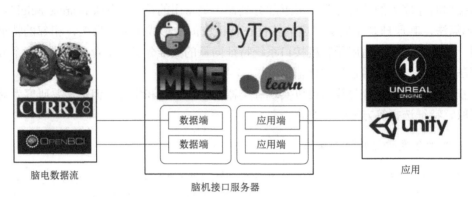

图 2-9　脑控光标应用的横向架构

　　基于脑机接口的脑控光标应用需要实现三项核心功能：从脑电信号采集端获得实时脑电数据流、使用机器学习算法对实时脑电数据流进行信号处理与分类，以及将分类结果实时呈现在虚拟环境中提供视觉反馈。脑电数据通过 Curry 8 软件采集，使用用户数据报协议(UDP)在数据端读取。应用端基于 Unity 3D 引擎与 C#语言，使用传输控制协议(TCP)与算法端进行数据传输。算法端基于机器学习包 Scikit learn 与深度学习包 PyTorch 搭建脑电信号分类算法模型。

　　在上述过程中，分类算法采用基于领域自适应的跨被试的脑电信号分类算法集成主体分离网络(ensemble subject seperation network，eSSN)。eSSN 是多个主体分离网络(subject separation network，SSN)组成的集成分类器。该算法首先通过在每一个源被试数据集-目标被试数据集对 $\{X_S, X_T\}$ 上进行学习得到一个 SSN，然后通过集成学习输出最终的分类结果。每个源被试的数据和目的被试的数据会分别进入单个 SSN 模型，共享域编码器为每个被试学得一个通用的任务相关特征，送入最终的分类器并输出对运动想象类别的判别结果。两个私有域编码器分别为源域与目标域学得领域特有的特征，以避免任务无关噪声的影响。共享域解码器接收来自共享域编码器与私有域编码器的输入，并尝试重建信号来确保编码器学到有生理意义的信号特征。各个损失集合到一个共同损失内，通过梯度下降和反向传播算法训练 SSN。最终由所有被试的 SSN 集成为最终的分类器 eSSN。

　　该脑控光标的实验共包括三个阶段：运动想象校正实验阶段，为参与实验的被试收集校正数据，训练得到脑电信号分类器；运动想象训练实验阶段，训练被试使用运动想象输出控制意图的能力；运动想象光标控制实验阶段，使用共适应学习方法调整分类器的参数，被试在调整运动想象策略后进行脑控光标实验。

　　运动想象校正实验的目的是收集被试的运动想象数据集，同时让被试适应佩戴脑电信号采集设备的实验环境。运动想象训练实验将运动想象校正实验采集的数据集划分为训练集与验证集，采用 5 折交叉验证的方式进行 5 个轮次的训练，取验证集上表现最好的轮次得到的模型供被试在运动想象训练实验中使用。根据运动想象训练实验阶段的表现对参与第一阶段的被试进行筛选。如果被试连续两个小组的击中率都大于 0.9，则认为被试已经掌握使用个人运动想象分类模型的能力,可以进行下一步的光标控制实验。

脑控光标实验中,被试需要使用运动想象操控虚拟光标,在二维平面内连续通过三个目标物。被试需要使用运动想象控制光标移动,按顺序击中三个目标。在实验前,实验者会告知被试左、右手运动想象会改变光标的运动方向,且当前光标的运动方向是左、右手运动想象矢量和所在的方向。

图 2-10 展示了一名被试光标控制的平均轨迹,其中 x、y 轴代表空间坐标。从图中可以看出,被试能够有效掌握运动想象改变光标的移动方向,从而追踪连续出现的三个目标。与此同时,一旦出现控制失败而导致光标偏离轨迹,被试也能合理运用光标运动的边界条件,结合自身运动想象策略的调整来击中目标。

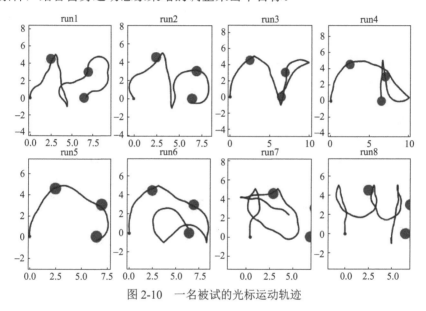

图 2-10 　 一名被试的光标运动轨迹

2.3 　手 势 接 口

手势接口技术将简单直观的手势转化为机器能够理解和响应的命令,使得人机交互变得更加自然和直观。本节首先介绍手势的基本概念,对虚拟现实中不同类型的交互手势进行分类并回顾手势接口技术的发展历程。然后讨论手势识别的原理与技术,包括基于可穿戴设备的识别方法、基于视觉的识别方法,旨在揭示如何通过不同的技术手段实现对手势的精准识别。最后探索基于手势接口的虚拟现实应用开发,重点关注交互设计原则和实际的交互开发案例。

2.3.1 　手势接口的基础

1. 手势的概念

手势通常指通过身体,特别是手和手臂的动作或姿势来传达信息或意图的非言语形式。手势可以用于各种沟通形式，包括但不限于日常交流、手语以及与技术设备的交互。手势是一种天然的、本能的沟通方式，可以跨越语言障碍，具有普遍性。在虚拟现实系统中，手势扮演了至关重要的角色，使得用户能够利用自己身体的自然动作去操纵虚拟世界的物体或是与界面互动。

2. 手势分类

用于虚拟现实环境的交互手势可以分为宏手势和微手势，这种分类有助于更好地理解和设计用户与虚拟世界的交互方式。宏手势涉及整个手部甚至手臂的大动作，如抓取和移动虚拟物体，宏手势适合于执行动态的、大范围的交互任务，其特点是动作幅度大、容易执行，但需要较大的物理空间来支持这些动作的自由展开。微手势主要涉及手指或手腕的微小移动，例如，通过捏合动作实现缩放界面或是选择菜单选项等指令输入和用户界面(user interface，UI)控制功能，微手势适用于精确的、细节化的操作，对技术的精确性有着更高的要求。

如图 2-11 所示，通过对交互手势进行功能性分类能够为用户提供更加丰富和直观的交互体验。宏手势交互让用户能够以自然的身体动作在虚拟空间中进行探索和互动，而微手势交互则让用户在需要精确控制时能够细致操作。这样的交互方式不仅使得虚拟现实体验更加自然和直观，而且提高了交互的有效性和用户的满意度。

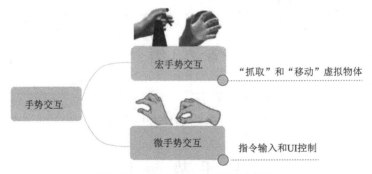

图 2-11　虚拟现实交互手势功能划分

早期的面向虚拟现实应用的手势交互系统大多依赖数据手套实现手势识别，但基于数据手套、标志点和光学设备等跟踪手部运动的手势接口对用户交互过程中的自由度和虚拟现实设备的便携性造成了较大影响，限制了手势交互的应用范围。为了摆脱对数据手套和标志点的依赖，早期的研究利用视觉的方式跟踪指尖移动并通过解析真实世界中的手势指令实现虚拟物体的平移、旋转等操作。随着深度相机 Leap Motion 的出现，研究人员通过设备提供的应用程序编程接口(application programming interface，API)直接解析手势指令和手部关节在空间中的相对三维位置，为虚拟现实设备提供了更便捷的手势接口。将 Leap Motion 与头戴式显示器相结合也能够实现基于手势指令与虚拟现实内容的互动。

随着硬件设备集成度和处理器性能的提高，支持手势进行交互的虚拟现实设备 HoloLens 和 Magic Leap 等有助于研究人员基于预定目标直接在商业设备上完成系统开发。Magic Leap 与 HTC Vive 结合所搭建的虚拟现实系统可以支持多个用户同时使用手势、眼动与系统进行交互。通过这一系列的发展，手势接口技术不断突破限制，提高了虚拟现实中的交互自然度和便捷性。

2.3.2 手势识别原理与技术

手势识别方法是以手势作为输入的人机交互系统设计核心，其精度与实时性影响着人机交互过程中的交互效率及用户交互体验。根据手势识别方法所依赖硬件的不同，手势识别方法可分为基于可穿戴设备的手势识别方法和基于视觉的手势识别方法。

1. 基于可穿戴设备的手势识别方法

基于可穿戴设备的手势识别方法依赖佩戴在用户手部附近的传感器或设备捕捉用户动作，并将动作识别为相应命令。

惯性传感器具有体积小、响应快等优点，已经成为手指跟踪、指向测定以及触摸检测等手势交互中使用最广泛的传感器之一，同时惯性传感也可与其他传感方式联合进行手势识别。将 IMU 集成在可穿戴的类指环或腕带中是比较常见的方式。名为 RotoSwype 的硬件原型利用安装在指环上的六轴运动传感器，通过测量滚转角和俯仰角来控制光标，并结合按钮进行文本输入。尽管 RotoSwype 为无视觉占用的输入提供了一种探索性方案，但是与用户的交互习惯存在差距导致输入速度及精度受到限制。由于存在误差累积等问题，惯性传感技术不适合在可穿戴系统中单独使用，但在多模态手势识别领域仍有较好的应用前景。

磁传感器利用霍尔效应将磁场的变化转换为电信号输入，根据磁场强度变化来进行位置检测，如图 2-12 所示，通过位于各个指尖的电磁铁拥有的独特频率，磁场传感的多点跟踪系统利用位于手背的控制器接收并区分来自不同手指的信号，识别指尖的细微运动从而实现空中书写等交互任务。然而，由于磁传感较易受到外界干扰，且高精度的磁传感器成本较高，在一定程度上限制了这种识别方式的应用范围。

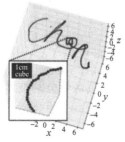

图 2-12 基于磁传感的多点跟踪系统

手指在与物体进行交互时会产生压力，早期的研究基于放置在指腹的压力传感器识别指尖微手势，但是这种方式会影响自然触觉。手指在按压过程中会通过肌肉与骨骼将压力传导到指甲处，因此后期部分研究人员关注测量指甲的应变来检测微手势。利用指尖应变实现手势识别的装置,通过在食指指甲的三个位置上粘贴应变片来检测手指在桌面按压导致的指甲在横纵轴线上的翘曲。当用户执行不同的微手势时,三个应变片会产生不同的信号序列,然后使用分类器区分不同微手势的手势序列。

　　上述传感方式是基于可穿戴设备的微手势识别领域使用最多的三种传感方案,基于可穿戴设备的微手势识别领域还存在如图 2-13 所示的许多有探索性的其他传感方式的研究工作。可实现实时识别微手势的 ThumbTrak 系统由嵌入到柔性指环内的 9 个接近传感器组成,采用一系列传感器到手部区域的距离作为识别特征以区分拇指与 12 个不同指节的接触。ThumbTrak 系统识别微手势有着天然映射的优势,可以自然地将手部作为虚拟键盘来进行文本或指令输入。但是,目前研究工作局限在离散手势的识别,无法排除人们生活中抓握等手势以及无意识的干扰,此外,设备在跨用户的可用性方面也需要进一步提升。

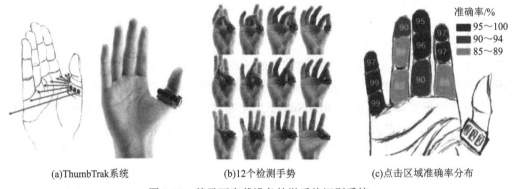

(a)ThumbTrak系统　　　　　(b)12个检测手势　　　　　(c)点击区域准确率分布

图 2-13　基于可穿戴设备的微手势识别系统

　　关于利用音频信息识别微手势的工作近年来也成为研究热点之一,因为人们经常佩戴无线耳机且混合现实头盔设备包含音频采集装置,基于音频的微手势识别工作有着在混合现实系统应用的潜力。利用商用无线耳机中的麦克风可检测面部和耳朵附近的敲击和滑动手势的方案,该研究方案有着较好的扩展性和通用性,但是如何避免用户与面部的无意识接触带来的干扰问题仍值得商榷,并且音频信息对于环境等其他因素的抗干扰程度也尚不明确。

2. 基于视觉的手势识别方法

　　基于视觉的手势识别方法通过手部区域分割技术提高手势特征提取精度,通过引入机器学习算法和神经网络模型进一步提高了手势特征的分类准确率,为设计面向虚拟现实应用的手势交互系统提供了技术支撑。

1) 机器学习方法

　　机器学习手势识别算法由手部区域分割、特征提取和特征分类三个环节组成,近年来,国内外研究人员主要从用于手部区域分割的软硬件开发、不同手势类别的特征差异性设计、特征快速聚类的机器学习算法实现等方面开展研究工作,以提高手势识别算法的计算效率和准确率。

人体肤色与环境中其他物体存在差异，因此可以用于将图片中的人体部位从复杂背景中分割出来。基于肤色模型的手部区域分割可以获得像素级分割精度，有助于提高手势识别的准确率。然而基于肤色模型的手部区域分割需长时间占用线程，使得手势指令解析的延迟很高，难以实现实时手势识别。为此，英特尔、微软、UltraLeap 和凌感等商业公司先后推出拥有自身专利技术的深度相机，有助于根据不同物体的景深差异实现复杂背景中的手部区域分割。其中，UltraLeap 公司的 Leap Motion 由红外 LED 和灰阶摄像头构成，可以重构位于传感器上方 25~600mm 的三维空间，精度可达 1mm，支持输出手部区域信息、手关节在三维空间中的相对位置并可部署于虚拟现实设备中。深度相机可以帮助研究人员简化手势识别工作，提高手势识别精度，但是对相关硬件的高度依赖限制了它在虚拟现实系统中的应用。

手势特征常用来表征不同类别手势之间的差异，可分为通用特征和非通用特征，其中通用特征可用于包括手势分类在内的多项任务，而几何特征等非通用特征有针对性地提取用于手势识别的手势边缘等关键信息。针对基于单幅图片提取的特征难以适应于连续多幅图片组成手势的识别需求，融合表征动态手势中单帧图片上手部形状特征的加速鲁棒特征(speeded-up robust features，Surf)算子或是表征连续帧之间运动特征信息的 SIFT 3D 算子能够取得较好的识别结果。然而，基于 Surf 算子特征点追踪匹配的方式耗时较长，无法实现实时的手势识别。

当不同手势对应的特征存在明显差异时，通过使用欧氏距离判别特征之间的距离即可实现简单的手势分类。然而基于欧氏距离的手势识别算法对特征之间的区分度要求过高，为此研究人员引入机器学习模型，通过提取大量手势特征拟合机器学习模型参数实现对手势特征的聚类。SVM 模型常用于高维特征分类，如图 2-14 所示，改进最小包围球(minimum enclosing ball，MEB)-SVM 模型以非线性的方式对手势特征进行分类，提高了手势识别的准确率。

基于特征提取的机器学习算法对手势指令的识别效果取决于特征选择和机器学习模型参数的拟合程度，为了摆脱人工选择特征对手势识别准确率的影响并降低研究人员在手势识别过程中的工作负担，需

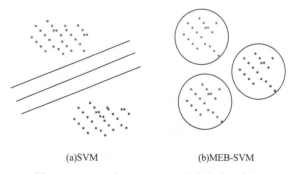

(a)SVM   (b)MEB-SVM

图 2-14 SVM 和 MEB-SVM 分类方法示意图

要设计新的模型算法实现以输入端到输出端的方式直接完成手势指令的解析工作。

2) 深度学习方法

自 2012 年以来，随着以 AlexNet 为标志的神经网络模型在场景分割、物体识别、目标跟踪、动作识别等计算机任务中的突出表现，神经网络模型逐步用来解析人机交互系统中的手势输入指令。

为了提高手势识别的准确率，研究人员提出使用基于目标检测和目标跟踪的神经网

络算法实现复杂背景中的手势分割。基于卷积神经网络架构的强外观模型(strong appearance models，SAM)针对第一人称视角采集的图片可以实现像素级精度的手势定位分割。光流是视频帧中像素点运动的瞬时速度分布，可以反映视频中的时空特征，也已成功应用到了手势识别中。基于运动融合帧的动态手势识别方法将计算得到的光流帧作为额外的通道融入 RGB 视频帧中进而得到运动融合帧特征，能够帮助深度学习网络提取视频中的运动信息。将手部在 X、Y 方向上的光流运动及背景分别作为网络模型的输入实现手势实时分割能够解决神经网络的手势分割过程耗时长、分割效果依赖于数据库量级等问题，实现手势特征的精确提取。

基于二维卷积核的神经网络模型可以有效提取图像边缘信息，在图像分类中展现了较好的应用潜力。将卷积神经网络用于单幅图片的手势识别可以取得比传统机器学习算法更高的识别准确率。然而二维卷积神经网络模型未能提取连续图像上的空间信息特征，无法用于由连续多帧图像组成的动态手势识别，为此研究人员提出将具备提取时间和空间上连续信息能力的三维卷积核用于视频图像理解和动态手势识别。运用多个并行运算处理器，并基于多模传感器采集的红外通道、RGB 通道和深度通道下的动态手势库训练的基于三维卷积核的循环神经网络模型在该手势库上的识别准确率逼近人类的识别准确率，验证了卷积神经网络模型在动态手势识别上的可行性。然而，该模型只在第三人称视角下采集的手势数据集上进行了验证，未能针对第一人称视角数据库开展进一步的研究。使用三维卷积神经网络设计和搭建的一个实时的手势识别系统主要包括检测器和分类器两部分，其中轻量级的检测器网络用于检测手势动作，较深的分类器网络用于手势分类，改善了第一人称视角下由头戴式相机运动导致的识别效果不佳的问题。

然而，大多数神经网络模型的训练和部署需要依赖于并行计算处理器，难以直接部署于便携式虚拟现实设备中。有一种解决办法是通过在卷积神经网络模型加入时间转换模块，在计算成本远小于循环神经网络模型的前提下能够实现手势的准确识别，同时支持神经网络模型在移动终端上的部署，摆脱了对体积庞大、价格昂贵的并行运算处理器依赖。

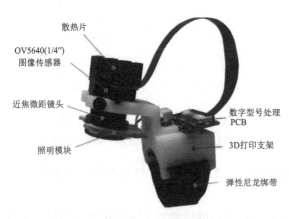

图 2-15　NailRing 的硬件原型

目前，基于视觉的手势识别算法大多针对宏手势识别开展，基于视觉的微手势识别算法往往需要与其他可穿戴硬件相结合进行更细致的手势识别。如图 2-15 所示的微手势交互装置 NailRing，结合基于深度残差网络的识别算法可在不影响自然触觉的情况下进行有效的微手势识别、触摸检测以及接触力检测。

2.3.3 基于手势接口的虚拟现实应用开发

1. 交互设计原则

输入手势和交互任务之间的映射关系影响用户的认知负荷和记忆压力，而自然手势人机交互系统设计和优化直接影响用户的交互效率和交互体验。面向虚拟现实应用的人机交互系统为用户提供了更为自然的交互体验，优化人机交互系统需要考虑用户交互效率、交互舒适度及系统对交互环境的普适性。近年来，国内外研究人员针对不同的虚拟现实应用场景设计了对应的手势指令集并研究了面向虚拟现实应用的自然手势人机交互系统优化方法，以提高其对用户和交互环境的普适性。

面向虚拟现实设备和其他智能设备的手势指令设计中需要基于用户交互习惯和偏好的研究成果构建交互手势和交互指令之间的映射关系。虚拟现实应用场景变化会导致用户产生不同的交互需求，面向虚拟现实应用的自然手势人机交互系统(简称交互系统)设计八大准则如下。

(1) 自解析性：手势指令和其功能任务之间应该具有自然的内在联系。

(2) 较低的认知负荷：交互系统应向用户输出有限的信息以免降低用户完成交互任务的专注度。

(3) 简化的交互流程：交互系统设计应简化交互过程的烦琐程度从而保证用户以最少的交互步骤完成既定任务，这不仅可以提高交互指令的输入效率，也改善了用户对交互系统的接受程度。

(4) 易学性：交互系统设计应该与已有的交互系统模式保持一致，以减少用户的认知负荷和记忆压力，从而保证用户尽快熟悉交互系统并完成交互任务。

(5) 较高的用户满意度：交互系统应确保交互过程中用户以高效、舒适的状态完成交互任务，并倾向于继续完成更多的交互任务。

(6) 灵活可用：交互系统应为用户提供多模式的输入方式以适应交互习惯和能力存在差异的用户群体，并可部署于不同应用场景。

(7) 实时响应：交互系统应降低对用户输入的响应延迟，以免影响交互效率及用户体验。

(8) 较高的错误容忍度：交互系统应该在交互环境、设备及用户间响应出错时仍能呈现出稳定的运行状态，以应对复杂多变的交互场景。

设计面向虚拟现实应用的自然手势人机交互系统需要遵循上述设计准则以提高用户的交互体验与交互表现，拓展虚拟现实的应用场景。图 2-16 展示了以手势作为输入的人机交互系统设计框架，从中可以看出，用户在交互过程中首先根据交互任务做出虚拟现实系统可理解的正确手势指令，而手势指令集设计的合理性直接影响着用户的认知负荷和记忆压力。当虚拟现实系统检测到用户的输入指令后需要高效准确地解析手势指令并转换为对应的机器指令，在虚实融合环境下以信息呈现的方式响应用户输入。通过上述过程可以在人机交互界面搭建用户与虚拟现实设备间的桥梁，简化且有效的交互流程设计可以为用户提供实时高效的信息反馈。

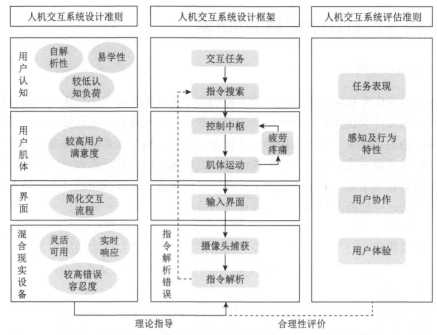

图 2-16　面向混合现实应用的手势人机交互系统设计概念图

2. 实际开发案例——虚拟仿真驾驶平台

在智能化车载信息娱乐系统中，手势交互是一种可以满足驾驶员交互需求同时最小化驾驶风险的交互方式。本节将介绍基于手势交互的虚拟仿真驾驶平台。

图 2-17 展示了虚拟仿真驾驶平台，在该平台上，驾驶员可通过手势或触屏与车载信息娱乐系统进行交互。平台采用 HTC VIVE PRO 头戴式显示器呈现虚拟现实驾驶环境。驾驶员通过图 2-17 中罗技 G29 方向盘来操控汽车的行驶，完成驾驶任务。方向盘旁设置有一块白色面板，作为虚拟界面的实体代理，当用户与虚拟环境中用于显示娱乐信息

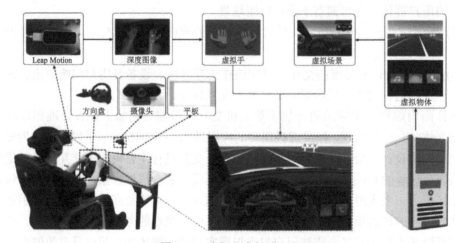

图 2-17　虚拟仿真驾驶平台

应用的界面交互时,该面板用于提供适当的触觉反馈。Leap Motion 置于面板的上方,用来获取用户的输入手势并进行识别。由于用户舒适的交互区域彼此间存在差异,因此系统为 Leap Motion 配置了可调节支架,确保其位置可根据不同用户进行调节。HTC VIVE PRO 内置的眼动追踪模块可用于收集驾驶员的视线偏移数据,以量化触摸和手势交互对驾驶分心的影响。整个系统在 64 位 Windows 10 操作系统的个人计算机上实现,采用 Intel(R)Core(TM)i7-6700K 处理器,内存大小 16GB,选用 VS2015 为编译环境,编译语言为 C#。利用 Unity3D 开发软件对驾驶场景进行建模,同时选择 Leap Motion Core Asset 实现 Leap Motion 与 Unity 的连接。

依据人体工程学设计,该车载手势交互应用中利用"左滑""右滑""顺时针旋转""逆时针旋转"等宏手势和微手势,实现接挂电话、切换歌曲、调整音量、切换菜单几个交互任务。交互系统界面根据不同状态灵活变化,如图 2-18 所示,当电话呼入时,中控界面会切换至来电显示界面(图 2-18(b)),用户接听后界面变为电话接通界面(图 2-18(c)),挂断后则返回主界面(图 2-18(a))。音乐播放界面(图 2-18(d))不仅支持触屏交互,还允许用户通过手势进行操作,音量调节范围为 0~1,每次手势执行音量变化 0.1。为了简化用户记忆,手势"右滑"和"左滑"在电话和音乐界面中被复用,即当系统有电话接入时,用户可通过"右滑"/"左滑"完成接听/挂断电话的操作,而当系统处于音乐播放界面时,"右滑"/"左滑"手势则可帮助用户完成切换至下一首/上一首歌曲的操作,确保在不同情境下操作的一致性和便捷性。此外,系统在电话接入时会自动暂停音乐播放,从而避免手势复用可能导致的操作冲突。

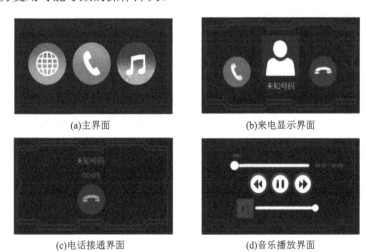

(a)主界面   (b)来电显示界面

(c)电话接通界面   (d)音乐播放界面

图 2-18　信息娱乐系统交互界面

2.4　眼　动　接　口

视线作为重要的非语言交流线索,能够感知周围的环境,包含丰富的人类意图信息,已有研究结果表明,检测并追踪另一个体的视线方向是一种在儿童早期就发展起来的技能，四个月大的婴儿即能通过眼神引导来帮助视觉处理对象。因此，眼动追踪技术广泛应用于人机交互、疲劳驾驶、显著性检测、情感计算等方面，随着虚拟现实、增强现实以及其他交互式技术的兴起，眼动追踪更是作为一项关键技术为其注入了新的活力。

2.4.1　眼动追踪的概念

视线指向空间中的一个点或空间中的一个方向，通过视线追踪可以获取个体的视觉注意力分布信息，包括注视的空间分布、注视的持续时间以及注视的方向转移等。

早期的视线估计方法依赖于检测眼球运动，包括注视、扫视、平滑追踪、扫视路径、注视持续时间、眨眼和瞳孔大小变化等。电流记录法将合适的电极放置在镜腿上并与灵敏的弦检流计连接，通过电极检流来记录眼球的运动，但在电位差过小或电极接触不良时，测量效果较差。后有学者提出利用眼球的机械和光学特性，使用红外视线追踪器，通过主动照明测量角膜的曲率中心及瞳孔中心，由计算得到的瞳孔轴估计视线。随着计算机视觉技术的快速发展，远程眼动仪和头戴式眼动仪取代了侵入式眼动追踪设备，这些设备利用相机捕获眼睛或面部图像，并采用局部线性插值、自适应线性回归等方法估计用户的视线，同时引入稀疏、半监督高斯过程等回归模型，使用标记的训练数据来学习映射。

视线估计可分为基于模型的视线估计方法和基于外观的视线估计方法，其中，基于模型的视线估计方法大多通过构建三维眼球模型来估计视线，往往需要特定的设备以及个人校准来恢复虹膜半径和卡帕角等特定参数，在受控实验室环境下具有较高的准确度，但在无约束环境中的可靠性较差。基于外观的视线估计方法将眼睛图像(或包含眼睛的面部图像)作为输入，寻找从图像外观到注视方向或注视目标的映射函数，与基于模型的视线估计方法相比，基于外观的视线估计方法无需专业设备，但需要大量的图像进行训练，随着大规模注视数据集的发布，基于外观的视线估计方法的准确性得到了极大的提高。

视线估计的准确性会受到头部姿势变化、光轴和视轴之间的个体偏差、眨眼、遮挡、头部运动和图像模糊等内在因素的显著影响，这些因素不仅会影响眼部区域检测的鲁棒性，还会给特征提取增加额外的噪声，因此，准确的视线估计方法至关重要。随着卷积神经网络等深度学习技术的发展，基于外观的视线估计方法的准确性和泛化能力也在不断提升。

2.4.2　眼动追踪的分类

1. 基于模型的视线估计方法

基于模型的视线估计方法通过三维眼球模型预测视线方向，该模型拟合从眼睛或面部图像中提取到的特征，并通过特定的几何约束计算视线方向或注视点，基于模型的视线估计方法通常需要对每位用户进行复杂的校准，同时由于其对输入噪声的高敏感性，在无约束环境中的准确性较低。

1) 相关概念

在基于模型的视线估计方法中，通常先将摄像机追踪到的瞳孔拟合成一个近似的椭圆模型，然后将二维瞳孔解投影为一个表示圆的三维瞳孔，三维瞳孔中心与眼球(角膜)

中心相连接的矢量即为估测到的用户视线方向，此外，瞳孔中心、角膜反射和虹膜轮廓等眼部特征有助于获得准确的眼睛位置。

图 2-19 展示出了眼球的几何模型，其中，光轴定义为连接角膜中心和瞳孔中心的线，卡帕角定义为视轴和光轴之间的夹角，偏离光轴的视轴决定了视线方向，注视点定义为视轴与表面的交点，光轴和视轴之间的角度差异对于用户是常量，需要事先进行校准。

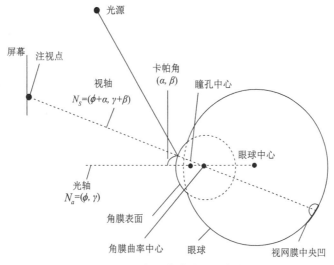

图 2-19　三维眼球模型及视线估计

2) 三维瞳孔定位技术

三维瞳孔定位可分为基于闪烁的方法(如使用 LED 反射等)和无闪烁的方法，其中，基于闪烁的方法具有较高的准确性，在三维瞳孔定位中发挥着主导作用。基于闪烁的方法通过使用同轴摄像头和 LED 对闪烁位置进行三角测量或通过与假设的角膜半径相交的多个反射平面估计三维角膜中心，从而计算出三维瞳孔的位置。无闪烁方法的硬件配置更加简单并且可以在户外环境中使用，但其准确性较差。

3) 相关算法

早期在不使用 RGB-D 相机的情况下，可以通过最小化二维面部特征点和三维面部模型上的对应点之间的投影误差计算面部特征点的三维坐标，从而为后续的视线估计做准备。三维眼-脸模型通过跟踪面部特征和定位虹膜中心确定注视方向，平均三维眼模型利用检测到的瞳孔轮廓来推断注视方向。可变眼-脸模型将新的被试者眼-脸模型建模为离线收集的眼-脸模型的线性组合，通过统一的校准算法恢复个体三维眼-脸模型和眼睛参数，避免了对头-眼偏移量的估计，提高了视线估计的准确性和鲁棒性，此外，新型的三维瞳孔定位方法加入了角膜折射矫正。

2. 基于外观的视线估计方法

眼球的转动等眼睛外观的变化会改变虹膜的位置和眼睑的形状，从而导致视线方向的变化，使得通过眼睛外观估计视线方向成为可能。随着深度学习的发展，卷积神经网络在视线估计领域展现出了巨大的潜力。基于卷积神经网络的视线估计方法从灰度单眼图像中提取特征并将提取到的特征与头部姿势相连接，从而回归注视方向。使用扩张卷积提取眼睛高级特征并采用 VGG 网络从两幅眼睛图像中分别提取特征，再将这些特征连接起来进行回归或使用自注意力机制融合两眼特征后获取准确的视线方向。

1) 面向单用户的视线估计方法

不同帧图像的同一只眼睛具有一致的眼部特征，同一帧图像的两只眼睛具有相似的视线特征，因此，在"相同眼图像对"和"视线相似图像对"上交换一部分特征可以达到将视线特征与眼睛特征解耦的目的，从而利用无标签数据来学习视线表示。然而，仅依赖眼部特征来进行视线估计存在很大的局限性，特别是在无约束环境中难以提取到有效的眼部特征。此外，眼睛在由于遮挡和分辨率过低而无法清晰可见时，基于外观的视线估计方法难以应用于远距离拍摄的视频。为解决这一问题，可将视线估计公式化为贝叶斯预测，在贝叶斯框架中使用单独的神经网络对头部和身体方向的可能性以及视线方向进行建模，然后将这些网络级联输出三维视线方向。为解决仅使用眼部图像的编码特征来进行视线估计的局限性，可使用整张人脸图像作为输入，利用面部信息来进行视线估计。面部图像提供的头部姿势、光照条件等关键信息改善了视线估计的准确性，但大多数方法只是简单地将提取的眼部特征和面部特征连接起来，忽略了特征融合过程。自适应特征融合网络依据眼睛外观(结构)相似性自适应融合两眼特征，并通过自适应组归一化在面部特征的引导下校准眼睛特征，从而改进移动平板上视线估计的准确性。

为解决视线估计中缺乏目标域数据及标签的问题，Bao 等提出了一种旋转增强的无监督域适应算法，该算法基于旋转一致性的先验，人脸旋转角度为视线变换角度，将原始图像旋转不同角度进行训练，然后在旋转一致性的约束下进行域自适应，从而提高模型的泛化性能。随着深度学习的发展，基于外观的视线估计方法取得了突破性进展，然而，昂贵且烦琐的注释采集流程限制了其在日常生活中的应用，为此，研究者提出了许多大规模数据集及相关的视线估计方法，这些方法在同一数据集的测试中表现出令人鼓舞的结果，然而由于被试者、背景环境和照明差异等因素，在跨数据集测试中性能会急剧下降。为解决这一问题，对比回归的视线估计方法将视线方向相近的特征尽可能聚类在一起，将视线方向差异较大的特征尽可能分开，以无监督的方式改善目标域上的视线估计。现今视线估计方法大多使用单个摄像头捕获的面部图像进行视线估计，然而单个摄像头的视野有限，捕获的图像有时无法提供完整的面部信息，因此，可使用双视角视线估计网络，通过双摄像头来采集双视图信息，并通过设计双视图视线交互模块来交换不同尺度的双视角特征信息，从双视角特征中估计注视情况。

2) 面向多用户的视线估计方法

随着深度学习技术在视线估计中的快速发展，对于无约束环境中的视线估计的探索更加深入，与传统的面向单用户的视线估计相比，图 2-20 所示的面向多用户的视线估计

图 2-20　面向多用户的视线估计

在大范围虚拟现实交互环境中展现出了广泛的应用前景。现有的面向多用户的视线估计方法可分为两类：时间共享法和空间共享法。时间共享法需要用户佩戴头戴式摄像头，在不同时段内，多用户共享同一设备进行视线估计；空间共享法无须考虑时间共享，而是对共享空间中的多用户同时进行视线估计。与空间共享法相比，时间共享法因实施复杂和实用性受限并未受到广泛关注。

视线跟踪指通过追踪个体视线来预测其正在注视的物体。为解决无约束环境中的三维视线估计问题，Kellnhofer 等提出了 Gaze360 数据集及一种基于视频序列的视线跟踪模型，该模型首先处理头部图像序列提取特征，随后将这些特征馈送到两层双向长短期记忆 (long short-term memory，LSTM)网络，利用七帧图像序列来预测中心帧的视线方向。EyeShopper 网络架构可以估计购物者背对镜头时的视线，该算法也可轻松部署在现有的监控系统中，并对低分辨率视频具有强大的鲁棒性。

目前，面向多用户的视线估计方法通常会对每张人脸进行独立的定位、归一化和视线估计，且算法实时性会随着每帧图像中的人脸数增多而急剧下降。单阶段端到端的多用户视线估计方法——GazeOnce 可以同时预测图像中多张人脸的注视方向。Transformer 也以端到端的方式解决视线追踪问题，一次性给出输入图片中所有用户的头部位置及其注视目标，同时捕捉长距离视线。

3. 评价指标

为全面评估视线估计算法的性能，通常会使用不同的评价指标，这些评价指标根据性质不同可分为二维视线估计和三维视线估计两大类；根据所执行的视线估计任务不同，又可分为注视点估计、视线方向估计和注视对象预测。

L2 距离(欧氏距离)在二维视线估计中是评估实际注视位置与预测注视位置偏差的重要度量。式(2-1)中，x_i 和 y_i 分别表示 x 轴和 y 轴的实际注视点坐标；$\hat{x}_i$ 和 $\hat{y}_i$ 表示二维坐标系下的预测注视点坐标。

$$L2 = \frac{1}{n}\sum_{i=1}^{n}\sqrt{(x_i-\hat{x}_i)^2+(y_i-\hat{y}_i)^2} \tag{2-1}$$

曲线下面积(area under curve，AUC)是评估视线估计准确性的另一重要指标，在注视热图中，不同区域的强度反映了模型对被试者注视的置信度。AUC 的计算涉及绘制受试者工作特征(receiver operating characteristic，ROC)曲线，ROC 曲线的横轴是假阳率，纵轴是真阳率，曲线下面积即为 AUC 值。因此，AUC 提供了在 ROC 曲线上不同阈值处评估的预测置信度分数，AUC 的范围为 0~1，"1"表示模型表现完美，"0.5"表示模型无法区分注视区域和非注视区域。

均方误差(mean square error，MSE)在二维及三维视线估计中定义为视线预测值与视线真值之间的平均平方差。

$$MSE = \frac{1}{n}\sum_{i=1}^{n}(\hat{g}_i-g_i)^2 \tag{2-2}$$

式中，$\hat{g}_i$ 表示视线预测值；g_i 表示视线真值。

角度误差通常用来衡量三维视线估计的准确性，表示预测的视线方向向量与真实标签之间的角度差。平均精度(average precision，AP)通常用来评估"正在注视外部"，即注视对象不位于该图像内的情况，用于衡量模型在不同阈值下的准确率和召回率之间的平衡。

2.4.3　基于眼动接口的虚拟现实应用开发

在现代汽车安全系统和自动化车辆的研发中，视线追踪技术起到了至关重要的作用。这项技术能够准确地估计驾驶员的注视方向，从而有效地预测其行为、增强车辆行驶的安全性。驾驶员分心的行为通常表现为视觉分心(即眼睛离开道路)、手动分心(即手离开方向盘)以及认知分心(即心神不在驾驶上)。通过精确估计驾驶员的视线可以更好地理解其注意力分布，从而有效预防因驾驶分心而导致的潜在危险，大大提升道路交通的安全性。

该技术的核心在于识别驾驶员的面部特征，如瞳孔在图像平面的位置和头部位姿(即俯仰角、偏航角和翻滚角)。对于每帧图像，首先需要检测人脸，其次检测面部特征点，最后确定虹膜位置，并通过检测到的面部特征点及其在三维空间中的相对位置来确定头部的旋转矩阵及其头部位姿。随后需要进行视线区域的判断，即将视线矢量投影到多平面框架上进行分类，其中，世界坐标系的原点为驾驶员头部中心。研究发现，结合几何方法和数据驱动方法可以更有效地估计视线方向，特别是在复杂的驾驶环境中。几何方法侧重于在汽车内定义多个平面，如挡风玻璃和后视镜等，并将驾驶员头部和眼睛的运动投影到这些平面上，从而推断视线方向。数据驱动方法则采用机器学习技术，通过分析驾驶员的头部姿态和眼动模式来估计视线方向。对于每帧图像，将这两种方法获得的特征相结合并输入 SVM 分类器中，不仅可以显著提升对驾驶员视线方向的估计精度，还有效增强了汽车安全系统的整体性能，图 2-21 中，1、2、3、4、5、6 为车辆内典型的视线区域。

图 2-21　车辆内典型视线区域

通过检测驾驶员的视线，可以实时监控其注意力集中情况。例如，当驾驶员的视线长时间离开前方道路时，系统可以发出警告音或振动提醒，以确保驾驶员重新集中注意力，减少因分心驾驶导致的事故风险。同时，驾驶员的视线方向可以提供关于其即将进行的驾驶操作(如变道、超车、制动等)的早期信号，通过分析这些视线数据，驾驶辅助系统可以提前预测驾驶员的意图，从而优化车辆的操作响应，提高驾驶安全性。其次，视线追踪技术可以通过监测驾驶员的眼睛闭合频率和视线移动情况来进行疲劳驾驶检测，在自动驾驶模式下，驾驶员在进行其他任务，如查看导航、调节空调时，视线追踪技术也有助于优化人机交互界面，从而提升驾驶体验。

视线追踪技术在人机交互领域中也有着重要应用，研究表明，视线能够改善基于语言的互动，如消除对象引用的歧义、维持参与度、引导注意力等。为此，一些研究者将非穿戴式眼动追踪技术与深度学习相结合，采用视频记录参与者的眼动、面部表情、手势和语言，探讨如何在人机对话中实现视线估计。这一研究对于发展多模态交互系统具有重要价值，此外，该研究还有助于发展辅助沟通障碍人群的技术，如孤独症患者的康复治疗，并可应用于教育、医疗和工业等领域的社交机器人开发。

此外，视线估计在其他方面也有着广泛的应用，例如，利用视线信息重建高逼真度的三维虚拟人脸、进行注视目标检测和注视重定向等。在虚拟现实和人机交互领域通常需要从单幅图像中重建三维虚拟人脸，但其中的视线信息却常常被忽略。带有精细眼部区域的三维人脸重建框架以及用于获取视线信息的三维人脸旋转算法，可以从单幅图像中重建带有视线信息的三维虚拟人脸，也可以将注视重定向问题表述为三维感知的神经体渲染，GazeNeRF 模型可将面部特征和眼睛特征分离开，通过三维旋转矩阵严格变换眼睛特征，从而实现对所需注视角度的细粒度控制。

随着深度学习技术的发展，视线估计已从受限的实验室环境扩展到更为开放、无约束的真实场景中，但仍存在许多机遇和挑战。鲁棒性算法的实现离不开大规模数据集，但现今公开可用的视线估计数据集大多基于单用户，基于多用户的视线估计数据集仍较为受限。此外，对无约束环境下的多用户视线估计的深度学习模型探索较少，且多用户视线估计算法的实时性亟须改进。未来，视线估计可融合多模态信息，如面部表情、手势、语音等其他感知信息，更为全面地捕捉用户的行为和情感状态，为智能交互、虚拟现实和人机协作等领域提供细致和智能化的用户体验，推动多模态感知技术在人机交互领域的进一步发展。

2.5 漫游与导航接口

漫游与导航是虚拟现实和增强现实的重要分支，通过将用户的移动与虚拟环境的互动相结合，用户能够在虚拟世界中像在现实世界中一样自由地移动、探索、定位和与虚拟对象进行互动，获得沉浸式的虚实融合体验。如图 2-22 所示，虚拟环境与真实环境之间存在一定的对应关系，VR 头戴式显示设备也为用户提供了交互和导航界面，方便用户进行实时定位与路径引导，指引用户在虚拟环境范围内进行自由移动与漫游，获得沉浸式的漫游体验。

图 2-22　虚拟漫游与导航示意图

2.5.1　基本概念

1. 漫游接口

1) 定义

　　漫游接口是一种允许用户在虚拟现实环境中自由移动和交互，同时保持对虚拟环境的持续感知和参与的先进技术接口。这种接口通过头戴式显示器、手持控制器或其他感知设备与虚拟现实系统相结合，使用户能够在虚拟世界中像在现实世界中一样自由地移动、探索和与虚拟对象进行互动。漫游接口通常涵盖定位追踪技术，如全息定位、摄像头跟踪和惯性导航等，以便实时地捕捉用户的位置和动作，并将其反映到虚拟环境中。这种技术已经在游戏、教育、医疗等领域得到广泛应用，并且随着虚拟现实技术的不断发展，漫游接口将继续推动虚拟现实应用的创新和发展。图 2-23 所示为虚拟漫游示意图。

图 2-23　虚拟漫游示意图

2) 常见的漫游模式

漫游接口通常根据交互方式、移动性质和技术实现的不同，可以分为几种主要的类型。这些分类方式帮助用户理解各种虚拟现实体验的特点，并为开发者提供设计和实现不同类型虚拟现实应用的框架。

(1) 基于手持控制器的漫游：在这种形式中，用户通过手持控制器进行虚拟环境的探索。手持控制器上的按钮或触摸板允许用户在虚拟空间中前进、后退或转向。这种方式简单易用，但可能缺乏沉浸感，因为用户的真实身体移动与虚拟环境中的移动不完全一致。这种方式广泛应用于游戏和简单的虚拟现实体验中。

(2) 定位跟踪漫游：定位跟踪技术通过外部传感器或内置于头戴式摄像头实时捕捉用户的头部和手部位置，使得用户的真实世界移动可以直接映射到虚拟世界中。这种形式提供了更高的沉浸感和自然的交互体验，尤其适合于需要精细操作和探索的应用，如虚拟现实训练、模拟器和沉浸式游戏。

(3) 通过外部设备增强的漫游：这类漫游形式通过跑步机、自行车或其他专门的外部设备来增强用户的虚拟现实体验。用户通过在这些设备上的物理移动来控制虚拟环境中的移动。这种方法能够进一步增强沉浸感和真实感，使得用户在进行虚拟现实漫游时还能体验到与真实移动相似的物理反馈。这种漫游形式常见于高级训练和娱乐应用中。

(4) 被动漫游：在被动漫游中，用户的移动完全由虚拟环境的脚本或预设路径控制，用户无须自己移动即可"游览"虚拟环境。这种方式适合于教育和展示应用，如虚拟博物馆参观、历史场景重现等，它允许用户专注于观察和学习，而不需要关注移动控制。

2. 导航接口

1) 定义

导航接口是一种为 VR 或 AR 环境设计的用户界面，如图 2-24 所示，它使用户能够在虚拟空间中进行导航和探索。通过使用导航接口，用户可以在没有实际移动的情况下，轻松地在三维虚拟世界中定位、移动到特定位置或探索虚拟环境。这种接口通常依赖于视觉元素(如地图、方向指示、路径规划提示等)和输入设备(如触摸屏、手势识别装置、语音命令等)来实现用户与虚拟环境的交互。

图 2-24　虚拟导航示意图

导航接口的设计旨在提高用户的导航效率和体验质量，减少在复杂或未知虚拟环境中探索时的困难和迷路的可能性。它不仅适用于虚拟现实游戏和教育应用，还能在建筑可视化、虚拟旅游、在线购物等领域发挥重要作用。此外，随着人工智能技术的发展，一些导航接口还集成了智能推荐系统，根据用户的偏好和行为模式推荐可能感兴趣的虚拟地点或内容，进一步增强了虚拟导航的个性化和互动性。

2) 常见的导航模式

导航形式的多样性为用户在虚拟环境中的探索和移动提供了丰富的选项。这些导航形式各有特点，适用于不同的应用场景和用户需求。以下是一些常见的虚拟现实导航形式及其特征。

(1) 技术驱动导航：系统为用户提供一条从当前位置到目的地的最佳路径，用户可以沿着这条路径移动，这对于教育和训练应用非常有用。

(2) 自然移动导航：用户在物理空间中的步行直接映射到虚拟空间中，这需要跟踪用户在物理空间中的移动，通常需要额外的设备支持或借助特殊的硬件，如虚拟现实跑步机，它允许用户在有限的物理空间内进行无限制的虚拟移动。

(3) 智能导航：系统根据用户的行为和偏好智能推荐探索路线或目的地。这种形式适用于个性化体验，如虚拟购物或虚拟展览。此外，系统可根据用户的上下文和环境，如时间、地点或正在进行的任务，提供导航建议。

2.5.2　漫游与导航参数设计

1. 沉浸感与真实感

1) 用户界面

在漫游与导航接口的设计中，用户界面是用户与虚拟环境之间交互的媒介，包括视觉呈现、音频反馈以及可能的触觉反馈等。用户界面(图 2-25)的设计直接影响到用户的沉浸感和真实感，是构建高质量虚拟现实体验的关键组成部分。

图 2-25　用户界面

漫游与导航接口用户界面的设计主要遵循以下原则。

(1) 直观性：UI 应直观易懂，使用户能够自然地理解如何与虚拟环境进行交互，减少学习成本。

(2) 一致性：界面元素的风格和操作逻辑应保持一致，帮助用户建立操作模式，提高操作效率。

(3) 简洁性：过多复杂的界面元素可能会分散用户注意力，用户界面设计应尽量简洁，聚焦核心功能。

(4) 反馈性：用户的每一个操作都应有相应的反馈，无论是视觉反馈、听觉反馈还是触觉反馈，都能增强用户的操作确定性和沉浸感。

(5) 适应性：UI 应能够根据用户的操作习惯和偏好进行个性化调整，提供最适宜的交互体验。

(6) 可访问性：考虑到不同用户的特殊需求，设计应确保各类用户都能轻松访问和使用 UI，包括色盲用户和运动障碍用户等。

2) 交互参数

交互参数指控制和影响用户在虚拟环境中与虚拟对象或系统交互的各种因素，包括交互速度、响应时间、物理模拟精度等。正确的交互参数设置能够显著提升用户的真实感和沉浸感。

漫游与导航接口交互参数的设计主要遵循以下原则。

(1) 真实性：交互参数应尽量模拟现实世界的物理规律，如重力、摩擦力等，使虚拟环境的行为符合用户的现实世界经验。

(2) 响应速度：系统对用户操作的响应应迅速无延迟，减少用户的等待时间，增强实时交互感。

(3) 适应性：交互参数应能根据用户的交互历史和场景需求自动进行调整，提供个性化的交互体验。

(4) 容错性：设计应具有一定的容错性，即使用户操作出现小的错误或偏差，也能够平滑处理，避免过度惩罚用户。

(5) 一致性与预测性：交互参数的设置应保持一致，使用户能够基于以往的交互经验预测未来的交互结果，减少不确定性和混乱感。

通过精心设计用户界面、优化操作流程、调整交互参数，可以显著提升虚拟漫游与导航中的沉浸感与真实感，为用户创造出高质量的虚拟现实体验。

2. 方向感与位置感

1) 空间定位

如图 2-26 所示，空间定位是指在虚拟环境中帮助用户确定自己当前位置以及周围环境布局的能力。这对于增强用户的方向感和

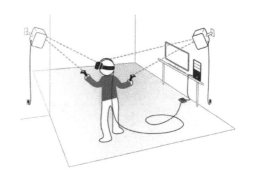

图 2-26　虚拟空间定位

位置感至关重要，使用户能够有效地在虚拟空间中导航和定位。空间定位不仅依赖于视觉信息，也涉及听觉、触觉等多种感官信息的综合处理。其主要设计参数如下。

(1) 多模态反馈：结合视觉、听觉和触觉反馈，为用户提供丰富的空间定位信息。例如，通过 3D 声音和视觉标志增强方向感。

(2) 环境标记：在虚拟环境中设置明显的地标和标记，帮助用户快速识别位置和方向。这些标记应设计得既直观又具有辨识度。

(3) 一致性地图：提供一致性的虚拟环境地图，帮助用户理解当前位置与目标位置之间的相对关系，增强空间理解。

(4) 透视与缩放：利用透视视图和缩放功能，帮助用户在宏观和微观层面上理解空间布局，特别是在探索大型虚拟环境时。

2) 路径引导

路径引导是在虚拟环境中为用户提供导航信息，指引用户从当前位置移动到目标位置的技术和方法。有效的路径引导可以减少用户在虚拟环境中迷路的可能性，提高导航效率。其主要设计参数如下。

(1) 直观的视觉引导：通过箭头、光线、颜色编码等视觉元素指示路径，使引导信息直观易懂。

(2) 动态适应：根据用户的位置和朝向动态调整路径引导，确保引导信息随时反映最优路径。

(3) 分段引导：将长距离的导航路径分成多个短段，逐段提供引导，减少用户信息负荷，避免导航过程中的混乱。

(4) 情境感知引导：根据用户的导航历史和当前环境情境，智能推荐路线，例如，在拥挤的虚拟环境中避开人流高密度区域。

通过综合运用空间定位和路径引导的设计原则，可以大大提升虚拟漫游与导航中的方向感与位置感，使用户在虚拟环境中的移动变得更加自然和高效。图 2-27 所示为空间路径引导效果。

图 2-27　空间路径引导

3. 任务设置与目标导向

任务设置与目标导向指的是一种能够实时响应用户行为和环境变化的导航系统，它通过持续收集用户的位置信息、移动方向和速度等数据，以及环境中的变化(如障碍物、路径变更等)，动态地调整导航指令，以提供最优的导航方案。其主要设计参数如下。

(1) 实时反馈：系统能够即时监测和响应用户的位置变化，提供即时的导航信息，如前进方向、目标距离等。

(2) 路径优化：根据当前环境和用户的移动模式动态调整路径，优化旅程效率，减少迷路的可能性。

(3) 用户界面：提供直观易懂的导航界面，如 AR 视觉效果、语音指导等，以适应不同用户的需求和偏好。

(4) 环境感知：利用传感器和数据分析，识别环境中的障碍物和关键地标，以辅助导航决策。

通过对这些参数的精细调整，动态导航辅助可以提升用户的导航体验，能够为用户在不同的虚拟环境和任务中提供更为专业和个性化的支持，从而提高任务执行的效率和用户满意度。图 2-28 所示为动态导航系统辅助下的微创牙髓治疗场景。

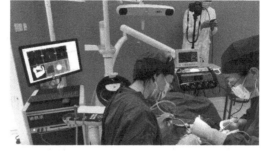

图 2-28　动态导航系统辅助下的微创牙髓治疗

2.5.3　典型的漫游与导航接口

在虚拟 3D 场景中的漫游交互通常会设置一个虚拟自身，用户可以通过观看屏幕或佩戴头盔，从虚拟自身所处的视角观察 3D 虚拟环境。用户通过屏幕或头盔从虚拟自身所处的视角对虚拟环境的观察主要有两种视角模式：一种是用来渲染虚拟环境的虚拟相机所处位置与虚拟自身的眼睛重合，用户看不见虚拟自身，称为第一人称视角；另一种是虚拟相机在虚拟自身后方跟随虚拟自身，称为第三人称视角。图 2-29 所示为第一人称与第三人称漫游的典型形式。

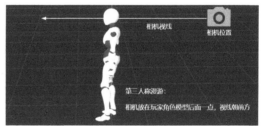

图 2-29　第一人称与第三人称漫游形式

第一人称漫游与第三人称漫游有所不同，主要体现在以下三方面。

(1) 在定位与视角渲染方面，在第一人称漫游中，头戴式显示器的使用更为普遍，需要精确跟踪用户的头部移动以实时调整视角。在第三人称漫游中，虽然也可以使用 HMD，但更多的是通过屏幕展示。摄像机视角的控制更为复杂，不仅要跟踪角色的移动，还要在确保场景可见性和美学表现之间找到平衡。

(2) 在交互方式方面，第一人称漫游往往需要更直接的物理互动，如走动、转身等，以模仿真实世界中的行为，用户的动作直接反映在第一人称的视角变化上。第三人称漫游中，用户与虚拟角色之间存在一定的"代理"距离，用户通过控制器或键盘、鼠标来操控虚拟角色。这要求系统在角色控制逻辑上更加复杂，例如，如何处理角色的动态反馈、环境互动等。

(3) 在空间感知与导航方面，第一人称漫游的用户需要较强的空间定位能力，因为视角限制了他们对周围环境的全面观察。因此，导航辅助(如屏幕指示、声音提示等)在第一人称漫游中尤为重要。在第三人称漫游中，用户可以看到角色的周边环境，这种外部视角有助于更好地进行路径规划和策略决策。摄像机的智能控制，如自动调整视角，可以帮助用户更好地理解环境结构和任务目标。

第 3 章 输 出 设 备

3.1 裸眼三维显示

裸眼三维显示又称为自由立体显示,是指在没有使用任何特殊眼镜或设备的情况下,利用视觉和光学原理来产生深度感,使观察者能够感知到图像或场景中物体的距离和位置,从而产生立体感,具有较大的观察自由度,是三维显示技术的重要发展方向。

3.1.1 深度暗示

真实场景通过人眼成像在视网膜上,再经过人类视觉感知系统处理形成三维的深度感知,这种可以引起视觉感知系统形成深度感的信息称为深度暗示,人类通过十种深度暗示来感知三维物体,而这十种深度暗示可以分为心理深度暗示和生理深度暗示。

1. 心理深度暗示

心理深度暗示是人类由于后天经验的假想对成像视网膜上的平面图像形成的深度感,心理深度暗示所产生的立体感,一般用于平面显示技术之中,如绘画和立体画等,包括像的大小、线性透视、重叠、阴影、结构梯度和面积透视六种。

1) 像的大小

同样大小的物体,当观看距离不同时,在视网膜上成像的大小也不相同,距离越远,视网膜上的像越小,反之越大,如图 3-1(a)所示,较大的球给人较近的感受,而较小的球给人较远的感受。因此,通过视网膜上像的大小能够判断物体的距离,即人们通常说的"近大远小"。

2) 线性透视

视线方向上平行线对应两点,随着视距的增大,在视网膜上所成像点的距离线性减小,如图 3-1(b)所示,原本平行的道路随着观察距离的逐渐增大线性变窄。

3) 重叠

由于光的直线传播,近处的物体会遮挡住远处的物体,因此,物体间的相互遮挡关系会产生深度暗示,如图 3-1(c)所示,被遮挡的物体处于相对较远的位置。

4) 阴影

物体表面高光和阴暗的分配能够使人产生立体感受,亮的部分迎着光照,而暗的部分光线受到遮挡,如图 3-1(d)所示,因此,阴影能够表现物体的立体形状。

5) 结构梯度

当人们注视诸如大理石路面这种具有均匀梯度的景物时,其表面粗糙度也会发生梯度变化,如图 3-1(e)所示,近处表面较粗糙而远处表面较光滑,从而产生一种深度暗示。

6) 面积透视

由于空气中存在许多微粒，光在空气中传播时会发生散射现象，景物距离人眼越远，其发出的光被空气中的灰尘、水汽等散射越多，景物也会更模糊。因此，在观看二维图像时，人们会认为远处的景物比较模糊，近处的景物比较清晰，如图 3-1(f)所示。

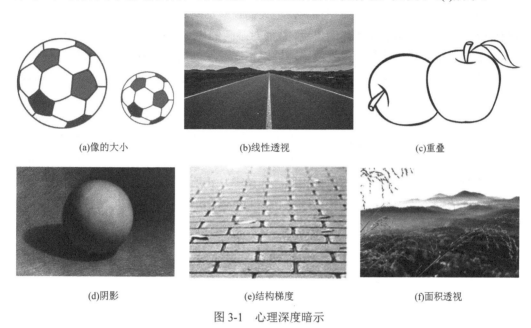

(a)像的大小   (b)线性透视   (c)重叠

(d)阴影   (e)结构梯度   (f)面积透视

图 3-1   心理深度暗示

2. 生理深度暗示

由于心理深度暗示的存在，即使是在二维显示屏上也能获得一定的立体感受。然而心理深度暗示本身不包含任何物理深度信息，是一种"伪三维"显示，虽然具有立体感，但本质上只是一种错觉，具有巨大的应用局限性。而生理深度暗示是三维场景对于人类视觉系统产生的生理刺激形成的感知信息，是真实存在的物理深度信息，其立体感受也更加真实准确，主要包括四种机制：双目视差、会聚、焦点调节和单眼运动。其中，双目视差、会聚是双目深度暗示，而焦点调节和单眼运动是单目深度暗示。

1) 双目视差

人眼分别位于头部两侧，在水平方向上分离，具有一定的间距，约为 65mm。双眼观察同一景物时，由于左、右眼的位置不同，三维场景在左、右眼视网膜上形成的相对位置具有差异，两只眼睛看到的图像有所不同，如图 3-2(a)所示，大脑通过对两只眼睛获取的视差图像进行分析处理，融合得到完整的立体图像，利用这种差异形成的深度暗示为双目视差深度暗示。双目视差是最重要的生理深度暗示，目前市场上大部分三维显示技术均基于双目视差原理。

2) 会聚

会聚也称为辐辏。人眼在观察物体上一点时，人眼肌肉组织牵引两只眼球分别向物体方向转动，双眼的视轴发生会聚，视轴之间产生的夹角称为会聚角。对于空间中不同位置的物体，会聚角不同，如图 3-2(b)所示，观察距离较远的物体时，双眼会聚角减小，反之，观察距离较近的物体，双眼会聚角增大。由会聚角产生的深度暗示就是会聚深度暗示。

3) 焦点调节

焦点调节是指眼睛的主动调焦行为，当人们观察不同深度位置的物体时，人眼睫状肌通过收缩和舒张来调节晶状体的厚度，从而对眼睛的焦距进行精细的调节。如图 3-2(c)所示，眼睛焦距的变化使得人眼视网膜能够对不同深度处的物体进行清晰成像，使人眼能够看清楚远近不同的景物，同时，大脑通过分析睫状肌的收缩/舒张程度来对物体的远近进行判断。

4) 单眼运动

单眼运动是由观察者与景物之间发生相对运动产生的。观察者在移动过程中，与观察者距离不同的物体，其大小和位置在观察者视网膜的投射结果发生变化，使得不同深度的物体在观察者眼中的运动速度不相同，如图 3-2(d)所示，远处的物体较小且运动较慢，而近处的物体较大且运动较快，因此，人们可以利用这种差异形成的深度感知来得到物体的前后关系。

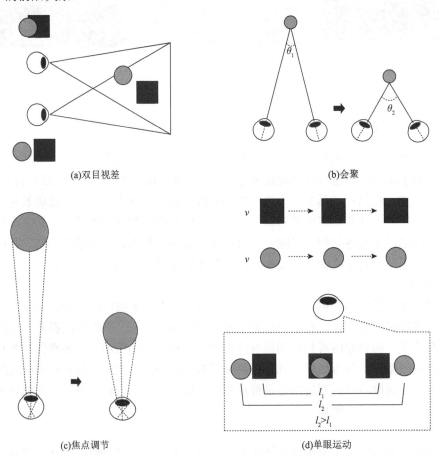

(a)双目视差　　　　(b)会聚

(c)焦点调节　　　　(d)单眼运动

图 3-2　生理深度暗示

3.1.2 助视型三维显示

助视型三维显示指的是在观看过程中，借助立体眼镜或其他辅助设备向观众呈现立体影像的显示技术，目前主要的助视型三维显示技术包括分色三维显示、偏振光三维显示和液晶快门三维显示。尽管助视型三维显示在便捷性方面具有一定的局限，但由于其易实现、观看效果稳定、成本相对较低且技术发展最为成熟，目前在市场上仍为最普及的主流三维显示技术。

1. 分色三维显示

分色三维显示又分为互补色三维显示和光谱分离三维显示。

1) 互补色三维显示

互补色又称为补色，是指混合后能够产生非彩色(中性灰)的两种颜色。常见的互补色包括红色和青色、品红色和绿色、蓝色和黄色等。利用互补色能够实现三维显示，以红蓝互补色为例，记录图像时，采用红光来保存一侧视差图像，采用蓝光来保持另一侧视差图像，观看时，观察者佩戴由一对互补色镜片制成的立体眼镜，如图 3-3 所示。单色镜片仅允许相同色光透过，使左、右眼分别看到对应颜色的左右视差图像，从而形成双目视差深度暗示，产生 3D 效果。互补色三维显示对显示设备要求较低、兼容性良好，其制作工艺简单，且成本较低。然而，由于眼镜对视差图像的分色作用，观看时的图像颜色严重失真，容易发生"串色"，极大地降低了观看质量，具有较大的应用局限性。

图 3-3 互补色三维显示：互补色眼镜与互补色三维显示系统

2) 光谱分离三维显示

人眼对不同颜色的光谱响应不同，对每一种基色光谱都有峰值响应波长和半峰值响应宽度。人眼对于红、绿、蓝三基色光谱较为敏感，表 3-1 给出了人眼对三基色光谱的峰值响应波长和半峰值响应宽度。

表 3-1 人眼对三基色光谱的峰值响应波长和半峰值响应宽度

三基色	峰值响应波长/nm	半峰值响应宽度/nm
红	600	70
绿	550	80
蓝	450	60

基色光谱分离三维显示通过对视差图像进行滤波处理，提取出人眼最为敏感的三种基色光谱图像。然后，利用不同光谱组合的滤波片对左、右眼的视差图像进行滤波，实现视差图像的分离。随后，由投影机分别向屏幕投射左、右视差图像。观看时，观察者佩戴相应的窄带滤波片，使左眼只能看到左眼视差图像，右眼只能看到右眼视差图像，最终经过大脑的融合处理产生彩色三维图形。光谱分离三维显示能够实现全彩色的三维显示，避免了颜色失真问题，基色光谱分离三维显示兼容性良好，然而对滤波和显示设备有一定的要求。

2. 偏振光三维显示

偏振光三维显示是基于光的偏振原理进行视差图像分离，使戴上偏振光眼镜的观察者的左、右眼分别看到不同偏振方向的视差图像而产生立体效果的显示方式。目前，偏振光三维显示技术比较成熟，其市场应用范围较广，主要包括投影偏振光三维显示和直视偏振光三维显示。

1) 投影偏振光三维显示

采用两台投影机前分别放置两个偏振片的方式，使两台投影机分别放映左、右视差图像。左、右视差图像通过不同的偏振片后具有不同偏振方向，如图 3-4 所示。观看时，

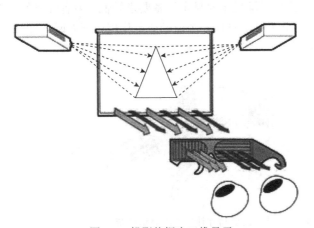

图 3-4　投影偏振光三维显示

观察者需要佩戴对应偏振光眼镜，左眼仅能观察到与左视差图偏振方向一致的图像信息，右眼仅能观察到与右视差图偏振方向一致的图像信息，从而产生双目视差，最终获得三维感受。

投影偏振光三维显示系统中，偏振片的选取可以是线偏振或者圆偏振。其中，采用线偏振方式时，需要保证两幅视差图像的偏振方向相互垂直，这就要求观察者头部不能倾斜，否则会出现左、右视差图像的串扰，影响观看质量；而采用圆偏振方式则无须对头部姿态进行限制，显示效果更为理想。

采用双投影机放映时需要对两个投影机的图像进行校正以保证图像形状完全重合，且双投影机成本较高。采用单投影机则可以避免对图像的校正，同时能够节约成本。采用在一台投影机前放置一个偏振光转换器的方式，该投影机交替放映左、右视差图像，为了保证观看时不会出现画面闪烁，一般采用较高的频率来切换放映左、右视差图像。其中，偏振光转换器可以采用电光液晶调制器，在加电和不加电时分别出射两种偏振光，与左、右视差图像进行同步切换，使视差图像具有不同的偏振方向。该系统既避开了采用双投影机的高成本问题，也无须画面校正，既适合影院，又宜在家庭使用。

2) 直视偏振光三维显示

直视偏振光三维显示由液晶显示器(LCD)或等离子显示平板(PDP)等平板显示器和微相位延迟面板组成，其中，微相位延迟面板是在一块面板上刻制许多微小且相间的条状相位延迟膜，每一条相位延迟膜的宽度等于平板显示器每一行的宽度，并且相位延迟都为 $\lambda/2$，从而改变入射线偏振光的偏振方向，如图 3-5 所示。当平板显示器为 LCD 时，其出射光为线偏振光，可以直接配合微相位延迟面板使用。当平板显示器为 PDP 时，则需要在 PDP 和相位延迟面板之间插入线偏振片，使 PDP 发出的自然光转化为线偏振光。平板显示器以隔行的形式显示左、右视差图像，经过微相位延迟面板后，左、右视差图像拥有相互正交的偏振方向，利用这两种线偏振光配合对应的偏振光眼镜即可观看到视差图像，产生三维视觉。

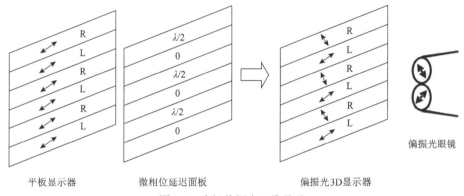

图 3-5   直视偏振光三维显示

直视偏振光三维显示不存在色彩失真，然而该方法将平板显示器分成两部分，分别显示左、右视差图像，因此，最终图像的分辨率将变为原来的一半。

3. 液晶快门三维显示

液晶快门三维显示采用时分复用的方式，在快门三维显示器上以极高的刷新频率交替显示双目视差图像，观察者通过佩戴同步切换的时序液晶快门眼镜，在对应的时间范围内看到对应的视差图像。由于人眼的视觉暂留效应，最终获得双目视差，产生立体视觉，如图 3-6 所示。

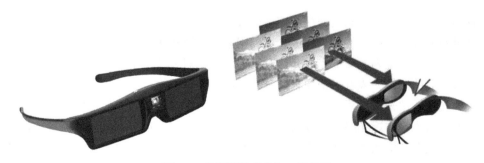

图 3-6   助视型液晶快门三维显示

快门三维显示器为普通的二维显示器，能够交替显示左、右视差图像。当显示器显示左视差图像时，快门眼镜的液晶快门对左眼透光，对右眼处于遮光状态，使得左视差图像进入左眼；反之，当显示器显示右视差图像时，快门眼镜的液晶快门对右眼透光而对左眼处于遮光状态，使得右视差图像进入右眼。在高速的图像交替下，人眼视觉暂留使得双眼能够观看到不同的视差图像，从而实现三维图形的观看。

快门三维显示相对于上述其他显示方式效果更好，但对显示器刷新频率要求较高，且快门眼镜价格相对昂贵。常用液晶快门眼镜的液晶单元为扭曲向列液晶，通过加压与否来控制光线的透过。因此，可以通过向液晶快门眼镜按正确频率加压以配合显示器交替放映来实现液晶快门三维显示。液晶快门三维显示技术对液晶快门眼镜电压信号与显示器图形切换的同步性要求较高，当二者切换不匹配时，则会出现图像串扰，导致左眼看到右侧视差图残留或右眼看到左侧视差图残留，影响观看效果。同时，由于显示器的高刷新率，其容易出现闪烁现象。

3.1.3　视差型裸眼三维显示

视差型裸眼三维显示是一种无须佩戴特殊眼镜或头戴式设备即可观看三维内容的技术，为了实现裸眼三维显示的效果，需要使用类似于视差栅栏和柱面光栅的结构，将空间分成不同的视区，在每个视区中能看到的像素并不重叠，这样就可以将对应视差图像呈现给正确的视区，观察者在正确的位置能够观察到三维显示效果。

1. 狭缝光栅

狭缝光栅利用光栅的光学特性实现左、右视差图像的分离，使人的双眼能够分别看到不同角度的图像，形成双目视差以获取立体视觉。狭缝光栅由透光条与遮光条交替排列共同组成，其中，一个遮光条与一个透光条构成一组控光单元。遮光条用于对投射光线进行遮挡，栅条交错显示左眼和右眼的画面，遮挡右眼(左眼)视差图像进入左眼(右眼)视差图像投射区，使显示屏上的左、右眼视差图像穿过控光单元后各自只进入左眼和右眼，即可获得 3D 视觉。

狭缝光栅三维显示系统通常包括显示屏和狭缝光栅两部分，根据狭缝光栅与显示屏的相对位置，可以分为前置狭缝光栅和后置狭缝光栅两种排列方式。

2. 柱面光栅

柱面光栅由许多结构相同的柱面透镜平行排列组成，该光栅一面是平面，另一面是周期性排布的柱面透镜，不同于狭缝光栅利用光栅的遮挡来实现对光线的控制，柱面光栅中，一个柱面透镜为一个控光单元，利用柱面透镜对光线的折射进行定向控光，使得柱面透镜背后的图像分成若干子像素，分别投射至左、右眼。

柱面光栅通常采用透明介质材料制作，因此在调制时不会对光线造成遮挡，相对于狭缝光栅拥有更高的透光率，可以实现高亮度的三维显示。但是，柱面光栅基于折射原理的控光方式会产生像差，并且造价也会远高于狭缝光栅。

相比于二维显示，上述三维显示的分辨率也会降低。世界上著名的显示企业，如三星、LG、TCL 等公司都推出相应的产品，随着技术的进步，串扰、观看区域受限等问题也得到进一步的优化。另外，基于双目视差的三维显示并不能实现全部深度暗示，不完全符合人眼观察真实世界的过程，这样就催生了真实感三维显示的研究工作。

3.1.4 体三维显示

体三维显示是一种真三维显示技术，通过在成像空间中快速重建一系列发光体素点实现三维显示，该技术能够对三维物体进行真实重现，符合人眼的所有深度暗示，可以实现多观察者、多角度、同一时刻的裸眼观察。体三维显示具有多种构建方式，如旋转机构体素构建、上转换发光体素构建和多层屏幕体素构建等。

1. 旋转机构体素构建

旋转机构体素构建是目前比较成熟的体三维显示技术，利用人眼的视觉暂留效应配合高速旋转的显示屏实现体素的构建，其典型的动态屏三维显示系统主要由动态屏、成像装置、电机、三维数据接口及计算机组成。

当系统运行时，三维数据接口将计算机中的三维图像信息以及控制信号传送至成像装置和电机，电机带动显示屏绕固定轴进行高速运转，成像装置使显示屏发光成像。旋转过程中，显示屏将物体的不同角度图像快速显示在屏幕上，当显示屏旋转一个周期的时间小于人眼视觉的暂留时间时，人眼就无法感知到像面位置的变化，从而看到一个仿佛飘浮在空中的三维物体。

在系统的各个组成部分中，需要高速的显示元件和驱动系统，动态屏及其成像装置的研究与制作最为关键，它决定了整个系统的最终性能。北京理工大学团队提出了多图像元和同步照明方案，通过用低成本元件就能实现高密度体三维的显示。

旋转机构体素构建的典型系统是 Felix3D 和 Perspecta。Felix3D 是一个基于螺旋面的旋转结构，系统由发动机带动螺旋面高速旋转，然后由 R、G、B 三束激光会聚成一束光线，经过光学定位系统打在螺旋面上，产生一个彩色亮点。当旋转速度足够快时，螺旋面看上去几乎透明，激光束会聚成的亮点则仿佛是悬浮在空中，构成了一个体素，若干这样的体素便能构成一个三维物体。Perspecta 则采用了一种柱面轴心旋转外加空间投影的结构，与 Felix3D 不同，Perspecta 的旋转结构更为简单，仅由一个由马达驱动的垂直投影屏组成，这个投影屏由极薄的半透明塑料制成，能够以极高的频率进行旋转，当需要显示 3D 物体时，Perspecta 会先通过软件生成该物体的多个截面图，投影屏每旋转不到 2°就会切换一次截面图的投影，在投影屏高速旋转的过程中，人眼会因视觉暂留效应而感知到一个完整的立体图像。

2. 上转换发光体素构建

上转换发光体素构建是指通过两束不同波长的不可见光束扫描和激励位于透明体积内的光学活性介质，在两光束的交汇处取得双频两步上转换效应而产生可见光荧光，从而实现空间立体图形的显示。该方法无需任何旋转移动部件，极大提高了系统的稳定性和安全性，减少了工作噪声，具有巨大发展潜力。然而，目前缺乏适当的激励来源和高效的发光介质，且体素串行激活、体素总数不够多，无法有效表现复杂的图像信息或动态光点信息。因此，短期内难以实现大尺寸、高分辨率和高亮度的动态体三维显示。

　　3. 多层屏幕体素构建

　　除了上述方案，还可以通过多层屏幕体素构建的方式实现三维显示。系统采用光学投射式显示屏，每个显示屏构成同一个深度的体素，将待显示三维物体的不同深度截面高速地在每一层屏幕上切换显示，利用人眼的视觉暂留效应实现不同深度的体素构建。这种显示方式能够从任意位置进行观看，自由度较高。

3.1.5　光场三维显示

　　光场三维显示技术的雏形是诺贝尔物理学奖获得者 Lippmann 在 1908 年提出的，最初称为集成摄影技术，现在更多地称为集成成像技术，其原理是采用一个透镜阵列或相机阵列对三维场景进行拍摄记录与再现，如图 3-7 所示。

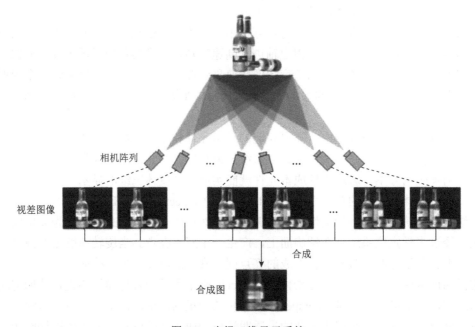

图 3-7　光场三维显示系统

　　光线是描述光束在空间内传播的基本单元。空间中任意点发出的任意方向的光线的集合构成光场。光场的概念于 1936 年由 Gershun 首次提出，用于描述三维空间内光的辐照度分布特性。人眼观看真实物体时，感知的是物体发出的光辐射。不同波长的光辐射在空间各个位置向各个方向四处传播，形成光场。

　　1991 年，Adelson 和 Bergen 将光场理论运用到计算机视觉，提出全光场理论。光场反映的是光波动强度与光波分布位置、传播方向之间的映射关系，所以，可以用空间位置(x, y, z)、光线的俯仰角和方位角(θ, φ)、光波波长(λ)、观察记录光线的时刻(t)这 7 个变量表示光辐射的分布，即为全光函数。

　　光场三维显示技术通过重构空间上各个点元朝向各个方向发出的光线再现三维场景，而光线的构建也可以采用不同的方法，例如，可以采用微透镜阵列，每个像素通过一个微透镜形成一束光线，屏幕上的像素组合起来形成空间光场；也可以通过投影机阵列来实现，每个投影机的每个像素构成空间中的一束光线，多个投影机组合构成空间光场。

　　匈牙利 Holografika 公司于 2006 年推出了基于投影机阵列和定向散射屏的 HoloVizio 光场三维显示系统，系统使用定向显示屏幕限制了投影光线的散射方向，首次使用投影方式构建光线从而形成光场，如图 3-8 所示。北京邮电大学桑新柱教授团队通过集成成像的方式实现了光场呈现，并获得了较大视场角和分辨率。

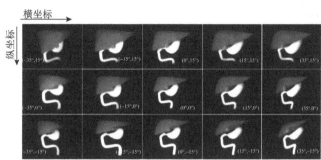

图 3-8　基于投影机阵列和定向散射屏的 HoloVizio 光场三维显示系统

3.1.6　全息三维显示

　　1948 年，Gabor 发明全息术而获得诺贝尔奖，全息术在激光器问世之后得到迅速发展，通过物光波与参考光波干涉的方式记录物光波的振幅与位相信息。全息三维显示就是利用这个原理，通过再现全部振幅与位相信息来实现三维场景显示，如图 3-9 所示。全息三维显示初期，研究工作局限在静态全息三维显示上，经过近半个世纪的电子信息技术发展，动态全息三维显示有了长足的进步。

图 3-9　全息三维显示技术(未来设想图)

　　全息三维显示的原理就是通过计算在动态全息器件上形成对于光调制的图案，使得特定的照明光照射在动态全息器件之后在空间中形成待显示三维场景的波前信息。

在动态全息三维显示研究初期，研究工作者为寻找动态全息的媒介而努力。最早成功实现动态全息三维显示的是麻省理工学院的 Benton 课题组，该课题组在巨额投资的基础上开发了以扫描声光调制器为核心的四代全息三维显示系统；亚利桑那大学通过电可刷新材料实现全息三维显示。近些年，由于振幅型、相位型空间光调制器件的发展，很多动态全息三维显示的工作基于空间光调制器进行，包括英国剑桥大学、北京理工大学等团队的工作。

全息三维显示系统提供了三维场景光的强度和相位的全部信息，是真实感三维显示，然而，全息三维显示的显示数据量巨大、数据动态刷新量庞大、环境要求高，因此，动态全息三维显示系统一直在实验室内进行研究，至今没有面向商用的产品诞生。

3.2　头戴式显示

头戴式显示又称为近眼显示，是虚拟现实和增强现实领域关键技术之一，随着显示技术、传感器技术和计算能力的不断进步，头戴式显示设备的体积不断减小、分辨率不断提高、视觉效果不断改善，其核心技术也不断得到创新与优化。

作为一种创新显示技术，头戴式显示技术已经在游戏、医疗、教育、设计等多个领域得到广泛应用。在游戏和娱乐领域，头戴式显示技术广泛应用于虚拟现实影院和主题乐园等娱乐场所，为人们提供了更加真实和沉浸式的体验。在医疗保健方面，头戴式显示技术用于手术模拟、医学教育、康复治疗等领域，为医疗保健领域提供了新的解决方案。在教育和培训方面，头戴式显示技术为教学提供了更加生动和具体的教学内容，提升学生的参与感与沉浸感，使学生能够更好地理解复杂的概念和知识。综上所述，头戴式显示技术在多个领域都有着丰富的实际应用意义，具有巨大的发展潜力。

3.2.1　头戴式显示原理

头戴式显示由光学目镜和显示源构成，显示源和光学目镜佩戴在观察者的头部，借助光学目镜将显示源放大成像到远处。

在设计参数上，出瞳越大可以保证眼球在较大范围内移动，出瞳距离决定佩戴的舒适性，视场角、分辨率以及光学目镜的成像质量决定了显示效果，所以头戴式显示的设计目标是大出瞳、长出瞳距离、大视场角、高成像质量。

3.2.2　头戴式显示的结构形式

虚拟现实和增强现实显示系统所采用的光学目镜不同，虚拟现实显示系统使观察者完全沉浸在虚拟场景中，多采用非光学透视目镜结构；而增强现实显示系统则是在真实场景中叠加虚拟信息，需要采用光学透视目镜结构。

1. 沉浸式头戴显示

沉浸式头戴显示设备从结构上分为半沉浸式和全沉浸式，半沉浸式的头戴显示设备有很小的视场角，遮挡一部分视场，在不影响日常观看的时候提供虚拟的图像信息。目前大部分的虚拟现实用的头戴显示设备都是全沉浸式头戴显示结构，真实世界被完全遮挡，用户将完全沉浸在虚拟的空间中，如图 3-10 所示。

沉浸式的头戴显示结构在实现上有不同光学形式，如图 3-11 所示。目前市场上大多的全沉浸式头戴显示设备只使用一片光学镜片作为目镜，为了减轻镜片重量，多采用菲涅尔镜的结构形式，这样光学成像质量往往不高；北京理工大学团队在 15 年前定点虚拟重建圆明园项目中使用 6 片球面镜片作

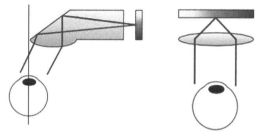

图 3-10 半沉浸式与全沉浸式 VR 头戴显示

为光学目镜，并实现了很好的成像效果；随着光学镜片设计和加工手段的提升，北京理工大学团队采用两片非球面光学镜片实现了高清晰度头戴式显示，并且提供给"神舟十一号"宇航员，让他们在太空和家人见面，这是首套进入太空的头戴式显示系统；近些年，通过偏振光的调整和转换，饼干光路的结构满足了头戴式显示轻便化的需要，华为 VR 眼镜采用该种结构极大压缩了光学系统的体积。长期以来，我国科研和产业团队的努力和坚持，也使得我国在头戴式显示产业链中占据了重要一环。

图 3-11 全沉浸式 VR 头戴显示产品

2. 光学透视式头戴显示

光学透视式头戴显示设备由于其光学透视式的要求，结构也相对复杂，从光学目镜结构的角度分为 Bird Bath、自由空间耦合面、自由曲面棱镜和光波导这四类。

第一代谷歌眼镜采用潜望式结构，显示图像经过三次反射进入人眼，同时，人眼透过半透半反镜片观察真实世界。该结构小巧便携，刚刚出现时视场角和清晰度都显得不足。但是近些年，Bird Bath 的结构得到进一步优化，视场角和清晰度都有所提升。

自由空间耦合面结构配合大显示屏幕是实现大视场角低成本近眼显示的有效结构，著名 Meta 公司的产品采用该结构，缺点在于系统会显得比较笨重。

自由曲面棱镜结构通过引入自由曲面，增加了设计自由度，在实现更高性能的同时也可以获得更便携的结构。北京理工大学团队在 2009 年已经实现 53° 的视场角，最近几年，其性能又进一步的提高，如图 3-12 所示。

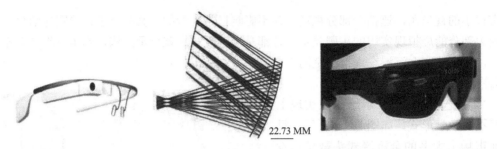

22.73 MM

图 3-12　谷歌眼镜、自由空间耦合面 AR 头戴显示与自由曲面棱镜 AR 头戴显示

为了进一步缩小系统在眼前的厚度，光波导技术被引入到近眼显示的设计当中。光波导结构的光学目镜有耦入端、光波导以及耦出端三部分，虚拟图像由显示器产生，利用投影系统将图像成像在无穷远，光线通过耦入端进入光波导，光波导利用光线在波导结构中的全反射增加光学长度从而减小系统厚度，耦出端将包含虚拟图像信息的光线进行调整，进入人眼。同时，光波导的耦出端也具有光学透视的功能，使得用户可以同时看到虚拟和真实的世界。根据耦出端的不同，光波导结构又可以分为两种形式，如图 3-13 所示。爱普生的 BT300 产品采用曲面反射表面耦出的结构。

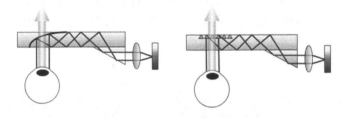

图 3-13　曲面反射耦合与微棱柱耦合

耦出端还可以采用稀疏的结构形式，在这种耦出结构形式中，有部分位置光波导是完全透过的，不进行虚拟图像光线的调整，用户可以透过这些位置看到真实世界。有一些结构不具有半透半反的功能，这些结构将虚拟图像光线进行耦出，由于这些结构的尺度小于人眼的瞳孔尺寸，从而可以实现真实虚拟世界融合的效果。Optinvent 公司采用金属的微棱柱结构实现出瞳的扩展和耦出。

Lumus 最早提出多反射表面耦出的结构并且经过多年的探索研究实现了较好的光学效果，这个耦出结构由多个半反半透结构组成，光线每经过一个半反半透结构就有部分光线耦出光波导结构，这样实现了出瞳直径的扩展和出瞳距离的提升，如图 3-14 所示。

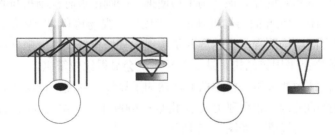

图 3-14　多反射表面耦出与衍射光学表面头戴显示

衍射光学表面也被很多产品引入到近眼显示的设计当中，不同产品采用微纳表面加工工艺实现衍射光学表面的制作，并实现光线的耦出，从而实现出瞳直径的扩展和出瞳距离的提升。

一直以来，更大视场角、更高分辨率、更轻小便携是头戴式三维显示(简称头戴显示)技术追求的目标和发展的方向，通过便携式头戴显示，日常工作和生活中所需要的智能无缝的虚实融合的信息可以随时随地地推送到人们眼前，可能在未来彻底改变人们的生活，而头戴显示技术的发展正一步步将这个梦想变成现实。

3.2.3 真实感头戴式显示

与裸眼三维显示技术类似，绝大部分商业化的头戴式显示产品在空间中仅构建了一个显示深度平面，在使用过程中，眼睛就会聚焦到这个屏幕上，通过双目视差的方式让用户通过辐辏感知不同的深度，这样会导致眼睛的聚焦位置和辐辏位置的不一致，与人们观察真实世界是不同的，这是导致人们目前观看虚拟现实影片、游戏产生疲劳感的主因。

1. 视网膜投影头戴式显示

人眼进行聚焦调节的时候，没有聚焦在物体的深度位置就会出现离焦模糊，如果让虚拟物体直接成像在视网膜上，无论人眼聚焦在什么位置，虚拟场景的清晰程度并不发生变化，这可以作为缓解聚焦和辐辏位置不一致难题的方案。基于这个想法，有学者提出利用视网膜投影头戴式显示方案，该方案通过改变光源或者照明系统使得进入人眼的光束特别细，在人眼晶状体进行调节的时候，离焦模糊并不敏感，仿佛光线不经过人眼晶状体调节聚焦就直接成像在视网膜上，这种方案的结构与眼科学的麦克斯韦观察法类似，因此也称为麦克斯韦观察法头戴式显示技术，如图 3-15 所示。

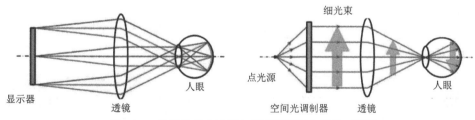

图 3-15 传统头戴式显示与视网膜投影头戴显示原理

如图 3-16 所示，日本的 QD Laser 公司也基于该原理推出了相关产品，可以看到或聚焦到不同的位置，虚拟物体的清晰度并不发生改变。根据图像源的不同，结构也有相应的变化，包括 LCoS 生成的全息图、数字微镜器件(DMD)图像、LCD 图像等。随后，许多研究工作都集中在改进图像源的技术上。

由于视网膜投影头戴式显示的方案在人眼入瞳位置形成的光斑远小于眼瞳大小，使用过程中，如果人眼没有对准这个光斑或者眼球发生转动，则会导致看到虚拟图像缺失的现象。针对这一问题，学者提出了多种方案，例如，可以通过眼球追踪的设备跟踪眼瞳的位置，通过机械或者电子控制将聚焦光斑移动到眼瞳位置；也可以在空间中通过时分复用或者空分复用的方式，形成多个聚焦光斑，通过每个聚焦光斑都可以看到全部的虚拟图像。

图 3-16　日本 QD Laser 公司头戴式显式

2. 多焦面头戴式显示

视网膜投影头戴式显示虽然是解决聚焦辐辏失配的方法之一，但由于虚拟物体直接投影在视网膜，无论人眼聚焦在什么位置，虚拟场景的清晰程度并不发生变化，这与正常状态下人眼的观察习惯并不相符。观察真实世界时，人眼自然对焦位置处物体清晰而非对焦区域则相对模糊，视网膜投影头戴式显示却无法提供视场范围内的清晰度程度差异，对观察舒适度造成影响，因此该显示方法不属于真实感三维显示。

目前，实现真实感三维显示的方式主要参考真实感裸眼三维显示技术，通过空间点、光线以及波前对真实三维场景进行重建，分别对应体三维显示、光场三维显示和全息三维显示，如图 3-17 所示。针对裸眼三维显示，存在三维复杂场景表征数据量和计算量巨大的问题，但是真实感头戴式显示技术通过在光学目镜的出瞳范围内构建光场，结合了头戴式显示和真三维显示的优势，大幅降低了符合人眼观察习惯的稠密三维信息所需的数据量，从而使真实感三维显示技术的实际应用更有可能实现。

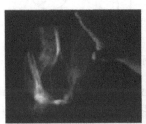

图 3-17　真实感三维显示的构建方式

3. 体三维头戴式显示

体三维显示通过采集并在成像空间中重建一系列体素点实现三维显示，其构建方式主要包括多焦面方式和变焦面方式，多焦面头戴显示如图 3-18 所示。变焦面的方式包括电机控制屏幕位置、变形镜或液体透镜控制图像的深度以及液晶光阀切换等，实现焦平面位置的调整。多焦面方式通过在眼睛和显示面板之间引入多个焦面，使得显示的图像能够在不同的焦距处清晰成像，从而在一定程度上模拟人眼的自然对焦过程。

图 3-18　多焦面头戴式显示

构建多焦面可以采用空分复用的方法，也可以采用时分复用的方法。时分复用多焦面方式通过高速周期性改变成像平面位置，使一个周期时间小于人眼视觉暂留时间，从而使人眼无法分辨出像面位置的变化，实现多焦面构建。

另一种实现多焦面构建的方案是空分复用，就是使用多块屏幕，通过半透半反结构在眼前实现多焦面构建，北京理工大学团队在 2013 年使用两块微型显示屏幕，通过两个自由曲面棱镜的设计，将两块显示屏幕成像在不同深度，实现便携小巧的多焦面构建。美国 Magic Leap 公司推出的 Magic Leap One 产品通过六片光波导，其中三片负责远处虚拟显示，另外三片负责近处的虚拟显示，在空间中构成了两个焦面。

4. 光场头戴式显示

通过多焦面的方式实现体三维呈现的效果，只有两三个深度，如果实现真实感呈现需要更多焦面的重建；在头戴式显示系统的出瞳位置处重建三维场景的光场，光学元件使得一个像素形成一束光线，这个光学元件可以用微透镜阵列或者微孔阵列来实现，即通过光学阵列对三维场景发出的光线进行不同方向与角度上的采样。

美国英伟达公司、北卡罗来纳大学利用集成成像的原理构建了光场三维显示，如图 3-19 所示，北京理工大学团队也作为最早提出并实现光场头戴式显示的团队之一，利用微孔阵列结构和光学透视式目镜，实现了大视场角光学透视式头戴式光场呈现。

图 3-19　光场头戴式显示

在光场头戴式显示中，显示器上的像素不仅用于空间分辨率的呈现，为了重建深度，也需要角度分辨率的再现，其分辨率并不高。很多学者提出了一些提高显示分辨率的方法，例如，美国斯坦福大学团队、浙江大学团队等通过迭代优化多层液晶显示的像素来优化空间光场，提高显示分辨率；美国亚利桑那大学团队也引入了动态光学元件，通过时分复用的方式提高显示分辨率。

5. 全息头戴式显示

全息技术可以再现三维场景的全部振幅和相位信息，一直以来是学术界和工业界研究三维显示的最终目标，北京理工大学团队将头戴式显示和全息三维显示相结合，采用空间光调制器和激光器构建三维场景的振幅和相位信息，通过光学系统将全息三维图像呈现在眼前，并且实现场景实时渲染呈现，如图 3-20 所示。

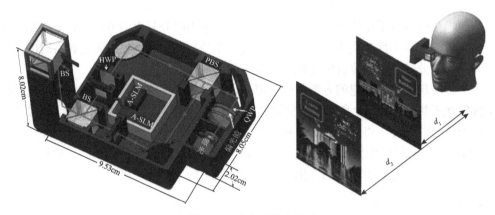

图 3-20　全息头戴式显示

斯坦福大学团队和美国微软公司，提出了更便携的全息头戴式显示，并引入深度学习对全息三维显示效果进一步提升，但是，目前全息三维显示元件的显示面积和衍射角度都较小，而这两个物理量的乘积在实现真实感头戴式显示的过程中往往不会增加，要获得大的视场角，其出瞳直径就很小，目前还无法得到可以商业化的效果。

其他动态全息三维显示元件方案方兴未艾，在全息头戴式显示的光学目镜设计过程中不仅需要考虑人眼观察区域，也就是出瞳的设计，而且需要优化三维场景的成像质量。新加坡科学院和南洋理工大学团队以超表面作为显示元件，通过全息方法形成三维场景，再通过光学目镜呈现在眼前，虽然超表面的大衍射角度使得头戴式显示具有大的出瞳直径，但是高分辨率动态超表面元件也有很长的路要走。真实感三维显示可以满足所有深度暗示，可以提供长时间不疲劳的虚拟现实体验，一直以来是学术界和产业界的研究热点，希望在不久的将来，便携舒适真实的头戴式显示可以走进千家万户。

3.3　沉浸式投影显示

投影显示是由平面图像信息控制光源，利用光学系统和投影空间把图像放大并将其投射到指定的屏幕或表面上的方法或装置。投影显示技术对于信息处理和可视化领域具有重要意义，在科学研究中，投影显示技术常用于数据可视化和实验结果展示，为研究人员提供直观、清晰的数据呈现方式。在医学领域中，投影显示技术广泛应用于医学影像诊断、手术导航和医学教育中，帮助医生和医学生更准确地诊断疾病和学习医学知识。在教育培训中，利用投影显示技术将教学内容以图像、视频等形式呈现在大屏幕上，能够提高学生的学习兴趣和参与度，投影显示能够与交互式白板、虚拟现实等教学工具结合使用，为学生提供更加生动、直观的学习体验。

"沉浸"，又称临场感、存在感，强调虚拟环境的逼真性，即用户在计算机所创建的三维虚拟环境中处于一种全身心投入的状态。随着科学技术的发展，人们对投影显示沉浸感的追求逐渐提升。沉浸式投影显示是一种基于多通道视景同步技术和立体显示技术的房间式投影可视协同环境的投影显示技术，能够提供一个立体投影显示空间，使得参与者完全沉浸在一个被立体投影画面包围的环境中，结合音箱系统和动作采集系统，获得高分辨率三维立体视听影像，提供给使用者一种前所未有的、带有震撼性的、身临其境的沉浸感受。

3.3.1　投影显示的原理和分类

投影显示是由平面图像信息控制光源，利用光学系统和投影空间把图像放大并显示在投影屏幕上的方法或装置。

目前，市场上现存的投影显示可分为阴极射线管(cathode ray tube，CRT)投影显示、液晶投影显示(liquid crystal display，LCD)、硅基液晶(liquid crystal on silicon，LCOS)投影显示和数字光处理(digital light processing，DLP)投影显示。

1. CRT 投影显示

CRT 投影显示通常使用三个 CRT 管，每个 CRT 管负责一个基本颜色(红、绿、蓝)。这些 CRT 管通过电子束在屏幕上的扫描来生成图像。每个颜色的 CRT 管都会投射出单色图像，经过叠加后形成彩色图像，如图 3-21 所示。

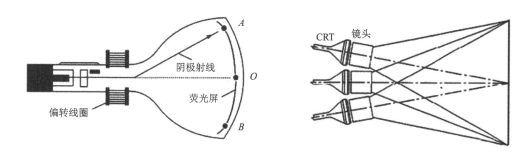

图 3-21　CRT 投影显示

CRT 投影显示利用 RGB 独立式发光方式，可实现较高分辨率和对比度，并具备良好的色彩还原能力。然而，由于系统亮度不足、体积大、质量重且需要频繁地调整和校准，LCD 和 DLP 等技术的进步，CRT 投影显示系统逐渐被更轻便、节能且易于维护的技术所取代，逐渐淡出市场。

2. LCD 投影显示

LCD 投影显示是最早的数字投影技术之一，由吉恩·道尔格夫于 1968 年提出。然而，当时 LCD 投影显示技术还未能在投影设备中实际应用，直到 20 世纪 80 年代中期才取得了实质性的进展。LCD 投影显示技术利用液晶分子在电场作用下的变化，影响液晶的透光率和反射率，从而生成不同灰阶和色彩图像。LCD 投影显示系统采用了制作在玻璃基板上的薄膜晶体管(thin film transistor，TFT)液晶显示芯片，为透视式系统。根据显示面板数量的不同，LCD 投影显示技术主要分为单片式 LCD 和三片式 LCD。

单片式 LCD 投影显示技术通过单片液晶面板形成图像，每一像素的亮度由覆盖红、绿、蓝三色滤光片的液晶片通过电压分别控制，独立控制每个像素中的红、绿、蓝各部分的明暗，经过合成得到彩色的图像。

三片式 LCD 投影显示技术是由三片液晶面板形成图像，使用二向色镜将来自光源的白光分为红色、绿色和蓝色分量，三种基色光分别达到三个液晶结构上，液晶通过电压的变化控制每种颜色的光的透过量，最终混合导出所有颜色，如图 3-22 所示。

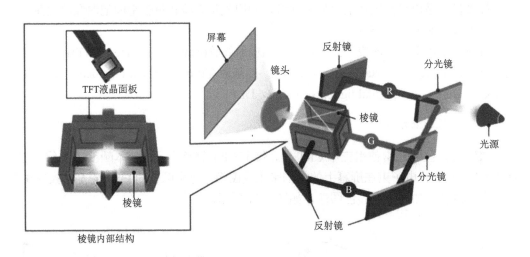

图 3-22　三片式 LCD 投影显示

单片式 LCD 投影显示系统具有低成本和小型化的特点，但其成像质量较差，颜色表现也相对较低。相比之下，三片式 LCD 投影显示系统的成像质量高、颜色饱和度良好，但其光机体积较大，成本也较高。

3. LCOS 投影显示

LCOS 投影显示的基本原理与 LCD 投影机相似，只是 LCOS 投影机是利用 LCOS 面板来控制光线的投射。LCOS 面板以涂有液晶硅的 CMOS 集成电路芯片为电路基板及反射层，CMOS 集成电路芯片被磨平抛光后当作反射镜，液晶注入 CMOS 集成电路芯片和透明玻璃基板之间进行封装，最终形成完整的显示结构。

光源的光束首先通过聚光透镜聚焦到滤光器上，随后通过偏振光束分光器或分色镜，分成红、绿、蓝三种颜色的光。这些不同颜色的光束与 LCOS 微型装置接触，通过微型装置反射，并穿过棱镜进行组合。组合后的光束被投射到投影镜头中，镜头将图像放大，最终形成投影图像，如图 3-23 所示。

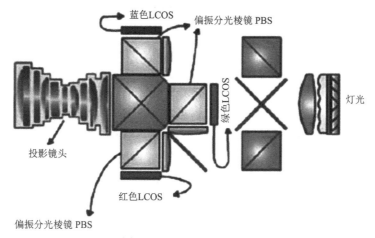

图 3-23 LCOS 投影显示

LCOS 投影显示技术与 LCD 投影显示技术非常相似，但其采用反射式光路，因此光利用率较高。LCOS 投影显示要求光源亮度高、发光强度稳定、寿命长且寿命期内色稳定。

4. DLP 投影显示

DLP 投影机的核心元器件是数码微镜装置(DMD)，DMD 芯片本质上是一个由许多微镜(精密、微型的反射镜)阵列所组成的控制器，每个微镜片控制投影画面中的一个像素，用于反射光线以生成图像，是一种高度精密的产品。DMD 芯片主要由电子电路、机械和光学三部分构成：电子电路负责控制，机械部分控制镜片转动，而光学器件则为微型反射镜片阵列，如图 3-24 所示。

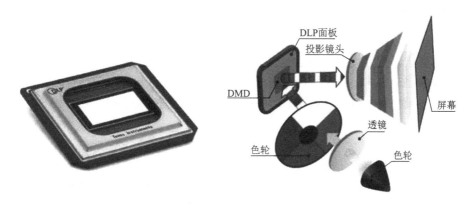

图 3-24 DLP 投影显示

　　微镜片在数字驱动信号的控制下可以迅速改变角度，当接收到相应信号时，微镜片就会倾斜一个小角度(±10°)。本质上来说，微镜片的角度只有两种状态："开"和"关"。若处于投影状态的微镜片视为"开"，随数字信号而倾斜 10°，且反射出去的入射光通过投影镜头将影像投影到屏幕上；若处于非投影状态，则视为"关"，倾斜−10°，且反射在微镜片上的入射光被光吸收器吸收。因此，通过电子电路能够控制每个镜片的旋转角度，从而控制光线的输出，最终通过投影镜头投射在大屏幕上，形成图像，如图 3-25 所示。

图 3-25　DMD 芯片

　　根据系统中 DMD 芯片的数量，投影机可以分为单片式 DLP 投影机、两片式 DLP 投影机和三片式 DLP 投影机。

　　单片式 DLP 投影机采用三色色轮的高速旋转将复色光分离成红、绿、蓝三种原色光，分别投射到 DMD 芯片上，由 DMD 芯片依次反射后进行输出。人眼的视觉暂留将输出的快速闪动的三原色光混在一起，得到混合颜色的彩色显示结果。

　　两片式 DLP 投影机的色轮不采用传统的红、绿、蓝滤光片，而是采用两个辅助颜色，即品红和黄色。品红片段允许红光和蓝光(R+B)通过，而黄色片段允许红光和绿光(R+G)通过。因此，在色轮交替旋转时，红光始终通过，而蓝光和绿光在交替旋转过程中各自占据一半的时间。随后二分色棱镜将红光投射到一个 DMD 芯片上，而蓝光和绿光则分别投射到另一个 DMD 芯片上，由这两个 DMD 芯片分别处理连续的红色信号和交替的蓝-绿信号，最终实现彩色图像输出。

　　三片式 DLP 投影机不采用色轮，而是通过棱镜系统进行分色。三个 DMD 芯片分别对应一种原色，来自每一原色的光可直接连续地投射到对应的 DMD 芯片上，使得更多的光线最终能够到达屏幕，从而提高了投影图像的亮度，因此，这种高效的三片式 DLP 投影显示系统广泛应用于超大屏幕和高亮度场景需求系统中。

3.3.2　投影显示系统

　　上述为常用显示投影机类型，通过上述投影机按照不同的显示形式将画面投射到大型、异型屏幕上，或者投射至多面的屏幕上，再配合高配置的主机与控制软件，采用多通道投影拼接融合技术使画面呈现出更好的、无缝衔接的效果，最后结合立体环绕音响系统，构成一套完整的沉浸式投影显示系统，实现高沉浸感的虚拟交互环境。

1. 显示形式

　　投影显示系统按照显示形式可以分为无立体投影显示、主动立体投影显示和被动立体投影显示。无立体投影显示即直接观看二维投影显示内容，无法形成双目立体视觉，因而无法获得高度沉浸感。目前，立体投影显示系统通常采用助视型三维显示技术，同样分为主动立体投影显示与被动立体投影显示。

1) 主动立体投影显示

主动立体投影显示系统由投影机、投影屏幕、主动眼镜、眼镜同步器构成。由计算机控制投影机，快速交替地将左、右视差图像投射到屏幕上并发送同步信号。观看者佩戴液晶光阀眼镜，接收的同步信号控制两镜片的开关，使双眼交替观看左、右视差图像，从而得到立体视觉感受。主动眼镜由于其开关频繁闪烁，会对眼睛造成闪烁感与不适感。

2) 被动立体投影显示

被动立体投影显示出现于 20 世纪末，分为分色型立体投影显示和偏振型立体投影显示。分色型立体投影显示采用两台投影机，将左、右视差图像按照互补色进行滤波后投射至投影屏，观看者佩戴互补色眼镜，即可使双眼观察到不同的视差图像。偏振型立体投影显示采用两台投影机，同时将左、右视差图像分别投射到屏幕上，在两台投影机镜头前分别安装偏振方向不同的偏振片，使左、右视差图像投射的光线变成偏振光，观看者佩戴对应的偏振片即可使双眼观察到不同的视差图像。被动立体投影显示通常每个通道都需要用到 2 台投影机，因此需要对现实系统进行拼接融合与校正。

2. 构成形式

立体投影显示系统按照构成形式可分为柱面投影(环幕)、球面投影(球幕)以及洞穴式自动虚拟环境(cave automatic virtual environment，CAVE)显示系统等。

1) 柱面投影显示系统

柱面投影显示系统又称为环幕立体投影显示，其投影屏幕为柱面形，投影画面广阔，如图 3-26 所示。观看时，观看者处于环幕中央，其视场范围完全包围在环幕显示范围内，从而产生沉浸式的观看感受。系统采用主动立体投影机，通过软件进行图像边缘融合与非线性失真校正处理后将内容投射至环形金属荧幕。

图 3-26　环幕 3D 轨道影院

2) 球面投影显示系统

球面投影显示又称球幕立体投影显示，是将信息投射至球体表面的一种立体投影技术，球幕立体投影分外投和内投：外投指从球体外部多个角度对球幕进行投影，通过边缘融合技术呈现出球形无缝逼真画面，例如，科技馆采用球幕装置模拟地球，利用外部投影设备向地球模型表面进行投影,能够动态演绎地球的自转以及其表面的生命演化史,给人以直观的三维立体信息。舞台演出采用球面投影进行花纹展示，使观众能够观看到全角度的艺术作品，如图 3-27 所示。

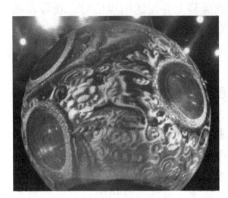

图 3-27　球幕外投影显示

内投则是将投影仪置于球幕底部，搭配一台鱼眼镜头，将信号反射并投射到球面屏幕显像，从而形成叹为观止的沉浸式穹幕。阿联酋 2020 年迪拜世界博览会场馆 Al Wasl Dome 是一个巨大的壳结构球形建筑，直径为 130m，高 67m，由 460 级管道组成，形成相互连接的环，产生外壳的图案，巧妙地将创新技术和伊斯兰文明中独特的建筑风格相融合，如图 3-28 所示。整个建筑的圆顶装有 252 台投影机，采用内投方式向球壳顶部进行投影，形成了 360°沉浸式投影面，场馆内外均可看到，打造出了世界上最大最炫酷的球幕投影。

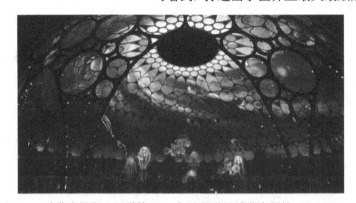

图 3-28　球幕内投影：阿联酋 2020 年迪拜世界博览会场馆 Al Wasl Dome

3) CAVE 投影显示系统

CAVE 投影显示系统是一种典型的沉浸式投影显示系统，其目的是构建一个完全"包裹"用户的可交互虚拟环境。通过多台投影机，将图像投影在环境中的异形表面上，从而产生高沉浸感的虚拟交互环境。CAVE 投影显示系统最早由 Cruz-Neira 等在 SIGGRARH 会议上提出，随着计算机性能的提升得以实现，国内最早的 CAVE 投影显示系统由浙江大学搭建完成。

典型的 CAVE 投影显示系统由上、下、左、右和前方的五个三维投影屏幕构成，如图 3-29 所示。同时，系统需要通过一套实时跟踪定位系统获取用户视点的位置和方向，从而驱动三维引擎分别在 5 个投影表面上投影出正确的场景图像。

CAVE 投影显示系统可分为主动立体投影显示模式和被动立体投影显示模式。主动立体投影显示模式系统下，左、右眼影像由一套显示设备依帧顺序生成，并以高刷新率交替显示。用户使用液晶立体眼镜观看可产生立体效果。主动立体投影显示模式视差图像在时间上完全分离，立体投影显示效果较好，然而高刷新率对投影机要求高，因此大幅提升了显示成本。

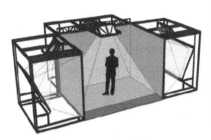

图 3-29 CAVE 投影显示系统

被动立体投影显示模式下，左、右眼影像分别由两组图形设备生成，并同时投射到屏幕上，其光线分别以不同的偏振角度进行处理，用户佩戴具有相应角度的偏振镜片立体眼镜，可产生立体投影显示效果。采用圆偏振光能够解决上述头部运动限制的问题。被动立体投影显示模式下 2 台投影机需要精确校准，然而对投影机刷新率要求相对较低，虽然投影机的数量增加，但仍降低了系统的成本。

CAVE 投影显示系统是目前最好的沉浸式投影显示系统，能打造成高分辨率、画面层次感强的沉浸式空间，给人带来最为真实的虚拟现实体验。

3.3.3 几何校正和颜色校正

多通道投影显示系统具备高分辨率、广阔视场、强烈沉浸感和适合多人交互的特点，然而，由于各投影机的参数差异、位置偏差等原因，会导致投影图像在边界处无法完美对接，出现明显的拼接缝隙或者色彩、亮度不均匀等问题。

为了获取无缝拼接投影显示效果，给观看者带来连续一致的清晰画面感受，需要对多通道投影显示画面进行几何校正与颜色校正。

1. 几何校正

为实现多个投影机画面的完美对接，现有方法为基于相机的多投影机校正系统，利用相机来建立起投影图像空间与显示图像空间中各点的对应关系。

根据系统中存在的元件，首先建立起三个图像坐标系：

(1) 投影机图像坐标系：表示投影机输入图像的坐标，以投影机像素为单位。

(2) 相机图像坐标系：表示相机图像的坐标，以相机像素为单位。

(3) 投影屏幕坐标系：表示投影屏幕输出图像的坐标，以米为单位。

为了实现几何校正，需要得到投影机图像坐标系与投影屏图像坐标系之间的映射关系，利用该对应关系对目标图像进行预扭曲后，将图像投射在目标屏幕的指定位置，即可得到无畸变的目标图像。

1) 平面投影校正

当投影表面是平面时，可以采用透视变换法进行几何校正。

相机图像坐标系和投影机图像坐标系之间的映射关系可以通过一个变换矩阵 H_k 来表示，可以通过二维平面矩阵表示投影机图像空间与相机图像空间之间的关系，第 k 个投影机图像坐标 P_k 与相机图像坐标 C 之间的映射关系可以表示为

$$P_k = H_k \times C \tag{3-1}$$

式中，H_k 为 3×3 矩阵，表示相机图像坐标与第 k 个投影机图像坐标之间的变换关系。这种关系可以通过对两个平面上对应的四个点对进行求解得到。

相机图像坐标系与投影屏图像坐标系之间的映射关系则可以通过在相机图像中选取投影区域内的四个顶点来求解对应的变换矩阵。

$$C = H_S \times S \tag{3-2}$$

式中，H_S 表示相机图像坐标和投影屏图像坐标之间的透视变换关系。将上述两个公式结合起来即可得到投影屏图像坐标系与投影机图像坐标系之间的关系。

2) 非平面几何校正

针对非平面（如柱面、球面）投影显示系统的多投影机几何拼接，无法采用上述方法校正非线性几何畸变，因此需要更为复杂的算法来实现几何校正。矫正方法可以分为固定视角观察者和移动观察者两种类型。

(1) 固定视角观察者条件下，观察者通常以一定的固定视角和位置观察投影图像，因此需要在观察者的固定位置上放置相机进行标定。为了建立投影屏图像坐标系和相机图像坐标系之间的映射关系，可以将投影屏幕映射到相机图像平面上形成相机图像坐标的一个子区域 S'。然后，通过选取包含该区域的矩形区间作为投影屏幕，来确立投影屏图像坐标 S 到相机图像坐标 C 的映射关系 M_C。

$$S = M_C \times C \tag{3-3}$$

随后，利用投影扫描线或格雷码结构光图案，可以推导出投影机图像坐标 P 与相机图像坐标 C 之间的非线性映射关系 M_{PC}。通过这一关系，人们可以确定投影机图像坐标 P 与投影屏幕坐标 S 之间的映射关系 M_{PS}，即得到了校正所需的关系矩阵。

(2) 对于移动观察者，其投影表面可以是各种几何结构，可以是二次曲面以及其他规则的非平面投影表面，用户可以从任意角度对投影图像进行观察。

为了实现几何校正，首先需要获取相机和投影机的内外参数，对投影表面的几何模型进行重建，实时求解投影机图像坐标系与投影屏图像坐标系之间的映射关系。

对于投影表面为柱面的多投影显示系统，可以在投影面的上下边沿粘贴一系列标志点来求取投影表面与投影机图像平面间的精确映射关系。首先将柱面展开成平面，得到矩形的平面投影坐标 S，然后以相邻四点组成的矩形区域进行一次透视变换，取投影图像坐标 S 与相机图像坐标 C 间的映射 M_{SC}，再通过投影结构光图案获取相机图像坐标 C 与投影机图像坐标 P 之间的映射 M_{PCi}，最后求取投影机图像坐标 P 与投影图像坐标 S 间的映射 M_{SPi}。

对于不规则复杂投影表面，可以采用立体相机对系统进行自动几何校正。每个投影机与对应的两个立体相机组成一个立体相机—投影机单元，利用投影结构光图案，可以计算每个立体相机—投影机单元所对应的投影表面模型和投影机模型。通过计算机搭建虚拟三维场景，在虚拟的三维场景中设置相应的投影表面模型和相机模型后，可以实时渲染出投影机的输入图像，从而实现多投影显示系统的实时几何校正。

此外，如果观察内容需要根据观察者的观看位置进行实时变化，则除了上述校正方法外，还需要获取观察者的实时位置，在三维虚拟场景中对应每一时刻观察者的位置放置对应的虚拟相机，以动态生成目标图像，进行实时渲染。

2. 颜色校正

由于每台投影机的色彩特性可能都不同，因此在拼接的过程中，可能会出现色彩失真或者色彩不均匀的问题。颜色校正的目标就是要使所有的投影机都能够显示出相同的色彩。颜色校正通常包括亮度校正、色度校正两方面。

若不同投影机的相同颜色通道色度相同，则系统的颜色差异主要来源为投影机之间的颜色通道亮度差异，因此，此时颜色校正主要目的是实现画面亮度的平滑过渡。

为了确保投影机显示的亮度一致，需要确定两者的公共亮度范围作为期望的亮度范围，然后将两台投影机的实际输出亮度映射到该公共亮度范围内。分别测出每个颜色通道的每个输入等级的亮度响应，得到每个颜色通道的实际亮度响应曲线，同时知道公共期望亮度响应曲线，就可以对每台投影机的每个颜色通道建立查找表。

然而实际使用过程中，即使是相同型号的投影机，其相同通道颜色也可能会存在差异，系统在进行亮度调整后还会存在颜色上的差别，因此需要对多投影显示系统的色度进行校正。

投影机色域即投影机能够展现出所有颜色的集合。不同投影机之间的色域存在差别，导致同一颜色值在不同设备上展现时人眼感受到的颜色有差异，因此需要对投影机进行色域匹配。

通常使用的色域匹配方法包括色域裁剪和色域压缩。在色域裁剪方法中，超出色域范围的颜色表示为色域边缘的颜色，而色域内部可再现的颜色不会改变。而在色域压缩方法中，则根据源色域与目标色域的特征，选择合适的方法对源色域中的所有颜色进行压缩。通过色域匹配来实现所有的投影机对于相同的颜色输入值获取相同的颜色输出。

3.3.4　沉浸式投影显示的应用

沉浸式投影显示技术具有广泛的应用场景，涵盖军事模拟、城市规划、教育教学、企业展示、科技文化展览、大型演出等多个领域。它不仅让人们在欣赏图像的同时也能深入了解其中的内容，而且还能为用户带来身临其境的感受，使他们更加深入地理解所呈现的图像内容。

1. 军事领域应用

基于沉浸式投影显示的虚拟仿真技术已经成为部队实战化训练中不可或缺的重要手段之一，其优势在于它能够提供高度真实感的战场体验，而无须动用大量资源和人力。士兵可以在仿真环境中模拟各种作战情景，VR 训练系统为参训者提供了多样化的战场虚拟环境，包括城市、丛林、山地等，使士兵能够进行多场景、多任务的综合训练。这种训练不仅能够最大限度地模拟实战场景，还能够检验士兵的环境适应能力、心理承受能力、战场应变能力以及战术协同能力。同时，沉浸式投影显示还可以用于飞行模拟，满足各种场景下的飞行培训需求，适用于学校、训练机构等，极大提高了培训的实效性和便捷性，如图 3-30 所示。

图 3-30　作战训练和飞行模拟

2. 文娱领域应用

环形投影幕投影显示将观众围绕在中心，呈现出超大的画面，满足了观众对视觉的需求。环绕式的立体声效与影片内容相融合，加强了影像的层次感，打造了一场沉浸式的视听盛宴，令人感觉身临其境，如图 3-31 所示。

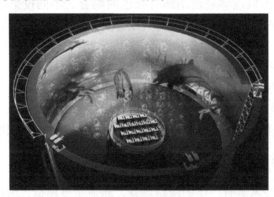

图 3-31　沉浸式投影影院

沉浸式投影显示还广泛应用于演出舞台，2008 年北京奥运会开幕演出中采用球幕投影呈现出一颗蔚蓝色的"地球"，其直径达 18m，重达 16t，由 8 台 20000 lm 的投影机向球形建模表面进行投射，画面采用图像拼接融合技术构建而成。这 8 台投影机分别安装在两层平台上进行平行叠加。每两台投影机为一组，通过叠加投射画面的方式，为全球观众呈现出一个栩栩如生的蔚蓝星球。

3. 教育领域应用

沉浸式投影显示已经被应用到教学当中，如图 3-32 所示，多投影面沉浸式虚拟环境改变了学习者仅面对静态文字的传统学习方式，通过构建出高度接近真实情境的实习场景，将抽象的知识转化为可视化信息，其学习过程与现实生活中的问题解决过程类似。学习者可以直接参与到"真实"的情境中，从而接触许多平时不易接触的场景，增加学习者体验的真实性。

图 3-32　沉浸式教学

4. 日常生活应用

沉浸式投影显示还可以应用于餐饮行业，拼接投影显示技术在餐饮行业的应用可以为就餐体验带来了全新的体验。通过这项技术，餐厅可以创造出多样化的主题环境，让客人在用餐过程中享受不同的视听盛宴，为客人提供丰富多彩的就餐体验，从而提升餐厅的吸引力和竞争力，如图 3-33 所示

图 3-33　沉浸式主题餐厅

总的来说，随着投影机性能的不断提升和计算机图形图像技术的飞速发展，沉浸式投影显示技术在军事仿真、展览展示、教育培训、文化娱乐等领域均得到了广泛应用，为人们带来了前所未有的视觉体验和学习方式，并取得了令人瞩目的成就。相信在未来，沉浸式投影显示技术将继续发挥重要作用，为未来虚拟现实世界发展注入更多活力与可能。

3.4　触觉反馈设备

在日常环境中，虽然视觉和听觉是人们获取信息的主要感官，但它们并不能完全满足人们对事物深入理解的需求。触觉作为一种补充感觉，为人们提供了另一种重要的信息感知途径。人们无法仅通过看或听来了解物体的质地、温度和表面的平滑程度，然而，当人们用手触摸物体时，就能通过接触感受到这些特性。这种感觉是通过皮肤中的神经末梢捕捉到的，并由它们传递给大脑进行进一步的分析和处理。人体的皮肤内分布着多种神经末梢，它们对不同的触觉刺激做出反应，特别是那些与触觉感知相关的神经末梢，称为机械感受器。这些机械感受器使人们能够通过触摸来感知外部世界的各种物理特性，从而丰富人们对环境的认识和理解。

在虚拟现实中加入触觉反馈，可以让用户的大脑更加信服他们正处于一个完全不同的环境中。同时在虚拟现实中，用户往往需要通过手势、移动等方式与环境进行交互。触觉反馈可以提供即时的物理反馈，帮助用户更准确地控制虚拟物体，提高交互的自然性和直观性。除了与物体进行交互外，用户还能通过触觉与他人进行交流，增强社交互动的真实感。因此，为虚拟现实系统添加触觉反馈对用户来说几乎是不可或缺的。

3.4.1　人体的触觉感知机制

在学习触觉反馈的类型前，必须了解人体的触觉感知是如何产生的。触觉系统是人体感知外界物理刺激的关键机制，涉及皮肤的触觉感受器、神经末梢、脊髓以及大脑皮层的协同工作。皮肤中的触觉感受器对不同的触觉刺激产生响应，通过神经末梢将信号传递至脊髓。脊髓对这些信号进行初步处理，并将信息上传至大脑。在大脑皮层，尤其是顶叶的初级和次级体感区，触觉信号被进一步分析和整合，使人们能够识别触觉刺激的特性，如压力、温度和疼痛等，从而做出适当的反应和认知判断。

皮肤中分布着多种触觉感受器，如迈斯纳小体、鲁菲尼小体、帕奇尼小体和默克尔小体等。这些触觉感受器对不同的触觉刺激有不同的敏感性，例如，迈斯纳小体对轻触和振动敏感，而默克尔小体则对持续压力更为敏感。根据生理特性，皮肤中的触觉感受器可以分为两大类：慢适应型和快适应型。慢适应型包括默克尔小体与鲁菲尼小体，而快适应型则包括迈斯纳小体和帕奇尼小体。这两类感受器在对外界刺激的持续响应上有所区别。快适应型触觉感受器能迅速反应并对刺激的响应持续时间较短，而慢适应型触觉感受器的反应速度较慢，且对刺激的响应持续时间较长。

当皮肤受到触摸、压力或振动等机械刺激时，触觉感受器会产生形变，进而激活与之相连的感觉神经末梢。这些神经末梢将机械能转化为电信号，即动作电位，通过感觉神经纤维传输到脊髓和大脑皮层。触觉信号主要通过脊髓后角的感觉神经元进入中枢神经系统，然后通过特定的神经通路上传到大脑皮层，特别是体感皮层。在这里，触觉信号被进一步加工和整合，形成人们对触觉的感知。

引发动作电位的最小感受器电位称为阈值，当外界刺激较弱时，虽然会诱发电位，但由于电位低于阈值，不会产生动作电位。随着刺激强度的增加，一旦触觉感受器产生的电位超过阈值，就会触发动作电位。然而，如果电位只是略微超过阈值，动作电位的发生不会很频繁。当外界刺激变得更强时，触觉感受器电位显著高于动作电位的阈值，这时会产生大量动作电位，从而引发人们强烈的触觉感受。

由于触觉感受器的种类繁多，它们各自具有的特性，因此需要不同程度的外界刺激才能激发动作电位。不同类型的触觉感受器对刺激的敏感度存在差异，此外，每种触觉感受器对频率变化的敏感性也各不相同，这解释了为何人体对不同频率的刺激有不同的反应。触觉感受器的阈值还会受到多种因素的影响，包括年龄、接触面积的大小以及物体的形状等。这些因素共同作用于人体的触觉感知，影响人们对外界环境的感知和反应。

大脑对触觉信号的处理涉及多个脑区的协同工作，包括初级体感皮层、前额叶皮层和顶叶皮层等。这些区域不仅参与触觉信息的感知和识别，还与触觉相关的注意力、记忆和情感反应有关。因此，人体的触觉感知机制是一个涉及多个生理层面的复杂过程，从皮肤的触觉感受器到大脑的处理中心，每一步都至关重要。

3.4.2 触觉反馈生成类型及原理

当用户与交互对象进行互动时，需要触觉显示器和驱动技术给予触觉反馈，以帮助用户确认操作状态，建立控制反馈回路。目前，这一方向的技术分为了接触式触觉反馈技术与非接触式触觉反馈技术。接触式触觉反馈技术包括振动反馈、压力反馈、热量反馈和电触觉反馈，非接触式触觉反馈技术目前主要是超声波触觉反馈技术。

1. 接触式触觉反馈

1) 振动反馈

振动反馈技术是一种模拟触觉感受的方法，它通过产生机械振动来模拟真实世界中的触觉体验。这种技术在消费电子产品、虚拟现实、增强现实以及各种交互式应用中得到了广泛的应用，例如，使用手机或者手表接听电话时的振动即是一种振动反馈。振动反馈技术一般用作提醒，例如，在一些赛车游戏中，当发生碰撞时会产生振动提醒玩家，同时增强玩家的体验感，如图 3-34 所示。

图 3-34 振动反馈

振动反馈技术使用转子马达、线性马达或压电陶瓷作为触觉振动器。转子马达振动器内部有一偏心转子，转子马达通过偏心转子的旋转产生连续振动。线性马达主要由弹簧、质量块和线圈组成，当线圈中有电流流过时，会产生磁场，质量块在变化的磁场中上下移动，这种运动被人们感知就会产生触觉效果。线性马达的振动强度受到内部弹簧谐振频率的限制，通过改变电流的频率和强度来控制质量块的运动，产生不同强度的振动。压电陶瓷材料在施加电压时会发生形变，通过改变施加在压电陶瓷上的电压信号来控制材料的形变，这种形变可以用来产生精细的振动反馈。压电陶瓷振动器具有响应速度快、精度高的特点，可以接受更宽的驱动电压频率，声学噪声更小。

目前的振动反馈技术已经取得了显著的进步，但仍存在一些问题，振动反馈存在功耗问题，尤其是在移动设备中，同时为了提供更细腻的触觉体验，振动反馈设备需要有更高的精度和响应速度。

2) 压力反馈

压力反馈模拟了真实世界中的压力感受，为用户提供了一种通过力量变化感知虚拟物体或环境的交互方式，如图 3-35 所示。这种技术在虚拟现实、增强现实、机器人技术、医疗模拟和游戏控制器等领域有着广泛的应用。

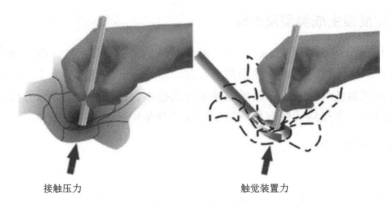

接触压力　　　　　　　　　　触觉装置力

图 3-35　压力反馈

　　压力反馈技术的核心在于模拟和再现物体的硬度、质地、重量等物理特性。它通过电子设备将这些物理特性转换为电信号，然后通过执行器产生相应的力反馈给用户。这种反馈可以是连续的，也可以是触发式的，取决于应用场景的需求。

　　压力反馈系统通常包含压力传感器，这些传感器能够检测到用户施加的力量变化。压力传感器的类型有很多，包括压电传感器(利用压电效应，当受到压力时，压电材料会产生电荷变化，从而产生电信号)、电容式传感器(通过测量电容的变化来检测压力变化)、电阻式传感器(压力导致电阻材料形变，从而改变电阻值，产生电信号)、力敏电阻(一种特殊类型的电阻传感器，其电阻值随施加的压力而变化)。压力反馈系统还包括执行器，如线性驱动器、气动或液压缸等，它们根据压力传感器的信号产生相应的力反馈。执行器可以精确控制力的大小和方向，模拟出虚拟环境中的压力感受。控制系统是压力反馈系统的关键部分，它负责处理压力传感器的信号，并根据这些信号控制执行器产生相应的力反馈。控制系统通常包括微处理器、信号放大器、模数转换器(ADC)和数模转换器(DAC)等组件。

3) 热量反馈

　　热量反馈通过模拟温度变化来提供用户可感知的热或冷的感觉。人体皮肤表面分布着温度感受器，这些感受器能够感知到外部环境的温度变化，并将这些信息传递给大脑进行处理。热量反馈设备就是基于这种生理机制来设计的。

　　图 3-36 所示为 Takuji Narumi 等设计的根据空间位置来实现的一个热反馈头戴式显示设备。热量反馈设备通常包含加热和制冷的组件，这些组件可以调节设备表面的温度。加热元件通常使用电阻丝或其他加热材料，而制冷系统可能使用

图 3-36　Takuji Narumi 等研发的空间分布
的热反馈头戴式显示设备

热电制冷器(Peltier 元件)或液体循环制冷系统。所需的温度变化由特定的算法来精确控

制，这些算法可以根据预设的模式或实时的用户交互来调节温度。此外，温度传感器用于实时监测设备表面的温度，确保热量反馈的准确性和安全性。这些传感器通常包括热敏电阻(如负温度系数热敏电阻等)或热电偶。

为了提供及时和舒适的热量反馈，设备需要能够快速调节温度，这可能需要高效的热传导材料和优化的热管理系统。热量反馈设备必须确保用户的皮肤安全，避免过热或过冷导致的不适或伤害。

4) 电触觉反馈

电触觉反馈(electrical tactile feedback，ETF)是一种通过电流刺激人体触觉感受器来模拟触觉感受的技术。人体的触觉感受器，如迈斯纳小体和帕奇尼小体，能够对机械压力的变化产生反应，电触觉反馈通过模拟这些机械压力变化，产生微弱的电流来刺激皮肤表面的感觉神经末梢，从而产生触觉感知。这种电流通常是由一个或多个电极施加的，电极可以是导电的贴片或集成在设备表面的导电材料。电触觉反馈系统包含一个控制单元，该单元负责调节电流的强度、频率和脉冲宽度。通过改变这些参数，可以模拟不同类型的触觉感受，如轻触、振动或压力。Vizcay 等开发了一套电刺激系统，电刺激器连在前臂上，电极与指垫接触，当手指接触一个虚拟表面时，会产生电反馈到手指上，产生触觉。电触觉反馈系统必须确保施加的电流在安全范围内，以避免造成不适或其他健康风险。通常，电流强度会保持在人体可以安全感知的水平，同时提供足够的刺激以产生触觉反馈。电触觉反馈技术面临的挑战包括提高触觉反馈的精确度和真实感、优化电流控制以适应不同用户的敏感度，以及确保长期的使用安全和舒适等。

2. 非接触式触觉反馈

超声波触觉反馈技术作为一种常用的非接触式触觉反馈，是一种先进的人机交互技术，它利用超声波在空中聚焦，模拟触觉感受，使用户能够在没有物理接触的情况下感知到虚拟物体的存在和形状。

超声波触觉反馈系统通过超声波换能器产生超声波。这些换能器通常以阵列的形式排列，称为超声波相控阵。通过精确控制每个换能器的发射时间，超声波可以在空气中的特定点聚焦，这种现象称为波束成形，它允许超声波在没有物理介质的情况下在空中形成焦点。当超声波聚焦在用户的皮肤上时，它们产生的压力变化能够刺激皮肤中的感觉神经末梢，从而模拟出触觉感受。这种触觉感受是由超声波在皮肤组织中产生的剪切波引起的。通过改变超声波的频率和相位，可以模拟不同的触觉效果，如振动、压力和形状等。这种调制允许系统创建复杂的触觉反馈，增强用户的交互体验。

图 3-37 为 Hoshi 等开发的具有触觉反馈的交互式全息系统。它主要由全息显示器、手部跟踪器和他们开发的触觉显示器组成。该系统组合了 4 个超声波换能器阵列，总共有 364 个超声波换能器，这些换能器被精确排列，使其触觉输出在它们之间的空间中央形成一个单一焦点，通过触觉显示器直接辐射空气中的超声波来产生焦点进而模拟触觉感受。

焦点

图 3-37　超声波触觉反馈系统

　　虽然超声波触觉反馈技术使得用户不需要佩戴任何配件就可以获得力反馈效果，但当前的超声波触觉反馈系统的分辨率和精度不高，同时在聚焦过程中会产生伪影，这些超声波会相互干扰并降低触觉的空间精度和清晰度。目前的超声波触觉反馈方案主要从一面发射超声波，这意味着用户只能触摸到物体的上部和部分侧面。未来的研究需要解决如何模拟物体的全方位触觉反馈以及如何提供阻力感以增强交互的真实性。

　　除了以上触觉反馈技术外，还存在一些其他的触觉反馈技术，如气流控制技术和激光照射技术等，但这类技术多为企业内部或科研院所在做，尚处在初步商业化阶段，结构不如超声波触觉反馈简单。

3.4.3　触觉反馈技术的应用

　　触觉反馈设备通过模拟真实的触觉感受，为用户提供更加沉浸和互动的体验。触觉反馈技术的开发可以应用在多个领域。

　　1. 虚拟现实和游戏

　　虚拟现实体验：在 VR 环境中，触觉反馈设备(如触觉手套)可以模拟"推""抓"等动作，提供身临其境的感觉。用户可以通过穿戴设备体验到虚拟世界中的触觉反馈，如感受到虚拟物体的形状和质地。

图 3-38　任天堂公司开发的 Switch，带有触觉反馈系统

　　游戏控制器：在游戏中，触觉反馈技术可以模拟开枪时的冲击力或赛车驾驶时的振动感，增强玩家的沉浸感。现代的游戏主机控制器，如索尼 Playstation 5 控制手柄和任天堂 Switch 等，都使用触觉反馈技术来丰富玩家的游戏体验，如图 3-38 所示。

　　2. 无障碍辅助

　　视障人士辅助：触觉反馈技术可以帮助视障人士更好地感受地形的反馈，使得视障人士在路上行走更加安全，如图 3-39 所示。

　　听障人士音乐体验：触觉反馈技术可以为听障人士提供音乐体验。通过振动，用户可以感受到音乐的节奏和振动，从而体验到音乐的美感。

3. 智能设备用户界面

智能手机和计算机：在智能设备上，触觉反馈技术可以提供模拟"按压"感的用户体验，改善触摸屏的操作感。当用户按下虚拟按钮时，设备会通过振动来模拟实体按键的感觉，同时对用户执行的不同动作提供不同反应，以创建独特、完美的用户体验。图 3-40 为 iPhone 中使用的横向线性马达。

图 3-39　戴着触觉反馈设备的视障人士　　　图 3-40　iPhone 中的横向线性马达

汽车导航：在汽车导航系统中，触觉反馈技术可以提供方向指示或警告信号，如通过座椅振动来提醒驾驶员注意即将到来的转弯。

4. 医疗和康复

远程触诊：触觉反馈设备可以用于远程医疗，医生能够在远程通过触觉反馈设备进行触诊，提供医疗建议。

康复训练：在物理治疗中，触觉反馈设备可以帮助患者通过模拟的触觉刺激进行康复训练，如图 3-41 所示。对于医生而言，可以通过知道患者的意图，不断调整和优化康复方案。

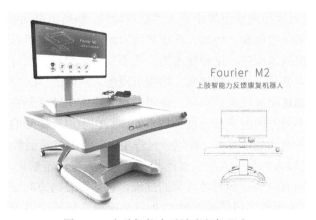

图 3-41　上肢智能力反馈康复机器人

总的来说,触觉反馈设备的发展和应用,不仅为用户带来了更加丰富的感官体验,也为特殊需求群体提供了更多的便利和可能性。随着技术的不断进步,未来触觉反馈设备将在更多领域发挥重要作用,为用户带来更加丰富和真实的感知世界。

3.5　其他感觉输出设备

在传统的计算机和移动设备交互中,视觉和触觉输出设备一直是主要的交互方式。然而,随着技术的发展,人们开始探索其他感觉的输出设备,以实现更加沉浸式和直观的用户体验。本节将详细介绍听觉、嗅觉和味觉输出设备,探索它们的原理、应用场景以及未来的发展趋势。

3.5.1　听觉输出设备

听觉输出设备是最为常见的一种感觉输出设备,它通过产生声音来传递信息。这类设备的核心主要是扬声器和耳机,它们可以将电信号转换为声波,使用户能够听到来自设备的声音。在虚拟现实中,听觉输出设备是实现沉浸式体验的关键组成部分,除了声音本身外,还需要提供立体声效果和模拟环境音效,使用户能够感受到声音的方向和距离,从而增强沉浸感。

1. 听觉输出设备中的音频技术

声音是由物体振动产生的波动现象。当物体振动时,周围的空气或其他介质会产生压力变化。这些压力变化以波的形式传播,形成声波。声波的频率和振幅决定了声音的音调和响度。基于电磁感应,扬声器通过电信号驱动线圈在磁场中振动,这种振动使得扬声器的振膜(通常是一片薄膜)产生前后运动,从而推动空气产生压力变化,形成声波。耳机(尤其是动圈式耳机)的工作原理与扬声器类似,但尺寸更小,适合直接放置在用户的耳朵附近。

为了实现一个更加真实、更加沉浸的虚拟环境,一个立体声音系统是必要的,其中,3D 音效技术、声音定位和追踪技术以及声音交互技术是不可或缺的。

3D 音效技术通过模拟现实世界中声音的物理特性,创造出空间听觉体验,为用户提供一种全方位的空间听觉体验。例如,在虚拟现实游戏中,玩家可以根据敌人的声音判断其位置,从而做出战术反应。这种技术的应用不仅限于游戏,还可以用于虚拟现实电影,让观众感受到声音从不同方向传来,增强沉浸感。声网的 3D 空间音频技术就是一个例子,它模拟头部球面区域立体声场,使用户在元宇宙中感受到空间感,如在虚拟聊天室中感受到来自不同方向的声音。这种技术的核心在于声音信号的空间化处理,这涉及复杂的声学模型和音频处理算法。在这一过程中,头相关传递函数(HRTF)起着至关重要的作用。HRTF 可以考虑每个人的头部形状并对每个人进行定制化,利用 HRTF,能够精确模拟声音从不同方向传达到听者耳朵的过程,包括声音的方向定位以及远近感知。除了 HRTF,也需要使用数字信号处理技术(如脉冲响应卷积等)产生环境声模拟,这也是3D 音效生成中的重要环节,通过模拟不同材质的声学特性,声音与环境产生反射和吸收效果，产生了更真实的空间音效。

声音定位和追踪技术是一种先进的声学应用，如图 3-42 所示，它通过分析声音信号的特性来确定声源的确切位置。声音定位和追踪技术主要基于声阵列和声强探头两种方法，其中，声阵列利用多个麦克风捕捉声音并分析信号差异，而声强探头通过测量声波强度来定位声源。这项技术的核心在于捕捉声音波形的细微差异，如时间到达差、波束形成和声全息等算法，这些算法能够处理来自多个麦克风的数据，从而实现对声源的精确定位。随着技术的发展，如声学超球面等新型声学材料和算法的应用，声音定位和追踪技术在复杂噪声环境中的准确

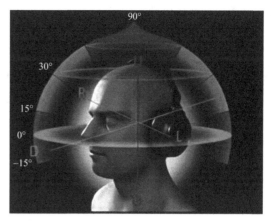

图 3-42　听觉反馈中的声音定位和追踪技术

性和效率不断提高，为未来的智能交互系统提供了新的可能性。

在虚拟现实中，声音交互技术极大地扩展了用户的交互能力，包括交互式声音效果和语音识别合成，交互式声音效果指的是声音会根据用户的行为和虚拟环境的变化而实时变化。语音识别技术使得用户能够通过自然语言与虚拟角色或系统进行交流，而语音合成技术则允许系统以人类的声音回应用户的指令或提问。这两项技术的结合为用户提供了一种自然而直观的交互方式。深度学习算法的应用进一步优化了这一技术，使其能够更准确地识别用户的语音模式和口音，并不断进行学习。

通过结合以上三种音频技术，可以极大地增强用户的沉浸感和交互体验。除了 3D 音效技术外，听力保护和设备智能化也是目前发展的一大趋势。

2. 听觉输出设备的关键因素

由于目前的听觉输出设备主要是耳机和扬声器，目前主要的研究在于提高耳机和扬声器的音效、耳机的降噪效果与舒适度和扬声器的空间立体感，对于新输出设备的开发还未实现。因此，下面提出了在虚拟现实中对于听觉输出设备的一些要求。

1) 三维音效模拟

虚拟现实听觉输出设备需要能够模拟三维空间中的声音传播，包括声音的方向、距离和高度。这种技术通常涉及头相关传递函数和三维音频处理算法，以实现声音的精确定位和空间分布。

2) 实时音频渲染

为了与用户的视觉感知相匹配，听觉输出设备必须能够实时渲染音频，根据用户的头部运动和位置变化动态调整声音的输出。

3) 声音定位与追踪技术

声音定位技术能够处理并解析出三维空间内多个声源的相对位置信息，而声音追踪技术则能够实时分析用户的头部方向和位置，对声音信号进行准确调整。

4) 环境声学模拟

通过模拟不同材质的吸收和反射特性，声音可以在虚拟环境下形成回声与混响效果，增强虚拟环境的真实感。

5) 用户交互

在 VR 中，用户可以通过语音进行交流和控制，因此，听觉输出设备需要集成语音识别技术和自然语言处理技术，以提供自然直观的交互方式。

除了以上几个软件方面的要求，为了提高用户在系统中的体验，对于听觉输出设备的硬件也有一定的要求，如硬件与软件的协同、舒适度与可穿戴性、技术标准与兼容性等。

3. 不同场景中的听觉输出设备

1) 大屏幕投影显示器

投影式虚拟现实通过投影的方式实现一个完全"包裹"用户的可交互虚拟环境，其中，使用多通道视景同步技术结合立体眼镜提供连续视觉体验，使用数据手套等设备进行交互，并使用立体音响系统提供与视觉相匹配的体验。

最具代表性的是 CAVE 投影显示系统，它致力于打造一个可供用户进行交互的、完全覆盖式的虚拟环境。典型的 CAVE 投影显示系统由上、下、左、右和前方的五个三维投影屏幕构成，如图 3-28 所示。同时，系统采用了一种高度先进的音响系统，它旨在为用户提供一种逼真的、沉浸式的听觉体验。这种音响系统通常由多个组成部分构成，包括图形工作站、音箱、乐器数字接口(MIDI)用户界面和声音合成器。图形工作站充当"声音服务器"的角色，负责接收网络输入的命令，并根据需要生成内部声音或控制声音合成器。音箱通常安置在 CAVE 投影显示系统的角落，以确保声音可以从不同的角度传播，从而创造出一个全方位的立体声效。声音合成器负责控制音箱，以产生各种声音效果。

2) 头戴式显示器

头戴式显示器将多种视觉、听觉功能集成在头盔中，它直接将显示器件安装在用户的头部，使用户能够沉浸在一个封闭的视觉环境中。头戴式显示器更加轻便和易于携带。用户可以在家中、办公室或移动中使用，不受空间限制，如图 3-43 所示。

图 3-43　头戴式显示器

这类系统中使用的听觉输出设备为了提高便捷性，一般为内置的扬声器和耳机。为了实现更加沉浸的效果，无论是扬声器还是耳机都会创造出三维空间中的音效，使用户能够根据声音的方向和距离感知虚拟环境中的动态，同时配备有降噪技术，减少背景音的干扰，让用户更专注于虚拟体验。

3.5.2 嗅觉输出设备

嗅觉作为人类和动物的重要感官之一，在日常生活中扮演着多种关键角色。它不仅帮助人们享受美食、规避潜在的危险，还与记忆和情感紧密相连，影响着人们的行为和决策，想要在虚拟现实中实现完全的沉浸感，嗅觉是不能缺少的。想要产生嗅觉，就需要一个嗅觉输出设备。

嗅觉输出设备的核心工作原理是通过模拟自然界中气味的化学成分来产生气味。这些设备通常包含一个或多个气味发生器，这些发生器能够根据预设的程序释放特定的化学物质或气味混合物。气味发生器可以是简单的喷雾装置，也可以是复杂的化学反应系统，它们通过精确控制气味的释放量和时间，来模拟特定的气味环境，如图 3-44 所示。

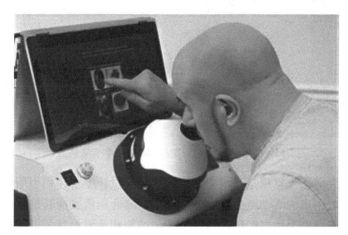

图 3-44 嗅觉模拟显示器

1. 工作原理

1) 气味的产生

在产生气味之前，需要模拟自然界中气味的化学成分，由于已知的气味种类繁多，直接存储每一种气味是不现实的。因此，研究人员需要找到几种基本的"原"气味，通过它们的不同比例混合来模拟出成千上万种不同的气味。这种方法类似于颜色的三原色混合，能够以较少的气味材料创造出丰富的嗅觉体验。随着深度学习技术的发展，数字嗅觉技术得以发展，数字嗅觉技术通过传感器检测、分析空气中的化学分子，并转化为电子信号，采集到的气味数据需要通过先进的算法进行处理和识别。图像气味识别技术利用卷积神经网络(CNN)等深度学习模型，可以显著提高气味识别的准确性，将气味编码成可存储的数据格式，之后在产生气味的时候将其解码还原为可感知的气味。

　　数字嗅觉技术首先需要对气味进行数字化编码。这一过程通常涉及使用传感器阵列来捕获气味的特征，然后通过相关算法将这些特征转换为数字信号。例如，法国数字嗅觉公司 Aryballe 结合生物传感器、光学技术和机器学习来捕获气味特征，并模拟大脑识别和区分气味的过程，数字信号存储到一个数据库中，可以用于气味的比对、识别和重现。中科微感的气味数字化平台就是一个例子，它通过标准化气体感知模组将气味信号转换为数字信号，并进行处理和分析，实现气味的高灵敏度检测、定位、辨识、分类等功能。当需要生成气味时，通过互联网或其他通信手段，气味信息可以被编码、传输并存储在远程服务器上。这样，气味就可以像其他数字信息一样在全球范围内进行传输和共享，最终对存储的信息进行解码，使用气味合成器来重现气味。图 3-45 所示为气味王国公司的数字气味播放器产品，气味王国通过总结气味的底层分类方式，建立了庞大的气味数据库，并实现了气味的数字化、网络化传输和终端播放。

图 3-45　气味王国公司开发的 MINI 数字气味播放器

　　重现的气味存储在嗅觉模拟系统中，存储系统的设计要求体积小巧、重量轻、易于更换，并且不会对用户的活动造成干扰。气味的存储介质需要能够保持气味的化学稳定性和活性。传统的存储介质可能包括特殊的密闭结构和流道设计，以控制气味的释放。例如，气味王国开发了新型储味纳米多孔材料及其密闭结构，解决了气味储存难题。

　　2) 气味传输

　　有效的气味传输是嗅觉模拟的关键。气味在空气中容易扩散，因此设备需要采用特殊的传输机制，如风扇、微管道或微液滴喷射技术等，以确保气味能够准确地到达用户的鼻腔。

　　风扇在气味传输中的作用主要是提供气流，帮助气味分子在空间中传播。通过精确控制风扇的转速和方向，可以实现气味的定向传输和扩散。风扇技术可以应用于气味显示器中，使得气味能够迅速而均匀地分布到目标区域，为用户提供一致的嗅觉体验。但风扇技术无法精确调节气流强度和空间分布，这会导致气味混合不均匀、强度控制不当的问题，同时还会产生噪声。

　　微管道技术涉及在微小的管道中传输和控制气味。这种技术可以实现对气味流量的精确控制，确保气味的传输效率和再现的准确性。微管道系统可以集成到气味播放器或其他设备中，通过微流控技术精确地调节气味的释放量和时间，从而实现对复杂气味配方的精确模拟。但是这种技术制造成本高，存在定期维护清洁问题，使用不够灵活。

除了上述两种技术以外，嗅觉模拟系统必须能够实时跟踪用户的头部位置和姿态，以便准确地将气味传递到用户的鼻腔。这类似于立体视觉中的立体定位，要求系统能够为左右鼻腔提供有细微差别的气味，以模拟气味在空间中的分布。

3) 浓度和时间的控制

在嗅觉模拟领域，为了创造出真实且多样化的气味体验，研究人员和工程师需要根据多个关键参数精确控制浓度和时间。这些参数不仅影响着气味的感知质量，还关系到用户的沉浸感和舒适度。

探测阈值：用户能够感知到某种气味存在的最低浓度。这一参数对于嗅觉输出设备来说至关重要，因为它决定了气味模拟的起始点。设备必须能够检测并模拟出低于探测阈值的气味，以便用户能够在不知不觉中进入一个充满特定气味的环境。

区别阈值：用户能够明确区分不同气味的最小浓度差。在嗅觉模拟中，这意味着设备需要能够精确控制气味的浓度，以便用户能够识别出不同的气味。这对于提高模拟的真实性和丰富性至关重要。

强度差别阈值：涉及用户能够感知到的气味强度变化。在嗅觉模拟中，设备需要能够调整气味的强度，以模拟气味在不同环境条件下的变化。这对于创建动态和交互式的嗅觉体验是必要的。

为了模拟出多变的气味环境，设备必须能够精确控制每种气味的浓度和持续时间。这需要根据用户的探测阈值、区别阈值和强度差别阈值来进行调整，以确保气味既不会过于强烈，也不会持续过长，从而避免用户的不适感。

2. 嗅觉输出设备类型

1) 可穿戴式嗅觉装置

可穿戴式嗅觉装置主要有两种设计：一种是贴片式小型装置，可以直接附着在用户鼻子下方的皮肤上；另一种是面罩式设计，整合了多个气味发生器，能够产生不同的气味组合。这些装置使用微型气味发生器，内含带香味的石蜡。加热石蜡，使其熔化并释放气味；停止加热后，石蜡冷却并恢复固态，停止气味的释放。

东京大学开发的可穿戴式嗅觉装置使用贴片式小型装置，通过呼吸检测单元和气味呈现单元，使用蒸发微液滴的方式来提供嗅觉感知。

2) 桌面式嗅觉显示器

桌面式嗅觉显示器一般通过风扇来向观看显示器的用户提供嗅觉感知，如图 3-46 为 Matsukura H 等开发的一款名叫 smelling screen 的嗅觉显示器，气味通过蒸汽管道到达风扇，风扇之间的对流会让用户产生嗅觉感知。

图 3-46　smelling screen 嗅觉显示器

3) 场景式嗅觉显示器

场景式嗅觉显示器根据用户所在场景的不同，生成相关的气味，气味限制在一定空间内无法扩散，用户通过移动到不同区域产生不同的嗅觉感知。Haque 等开发了场景式嗅觉显示器，使用由数字控制的香味区域，这些区域在没有物理边界的情况下定义和划分空间。气味沿直线路径扩散，参观者的移动会触发气味的释放，参观者系统与参观者之间存在两个层次的互动：初级互动是空间与参观者之间的互动，根据人们的位置和动作输出香味，系统建立对气味反应的数据库，并发展出吸引或排斥的策略。次级互动是参观者与气味本身的互动，参观者的移动混合气味，创造出新的"第三气味"。

3.5.3　味觉输出设备

1. 工作原理

人的味觉感受细胞位于舌头表面的味蕾中以及口腔和咽喉的其他部位。这些细胞含有味觉受体，能够识别、溶解唾液中的化学物质，即味道分子。味道分子与味蕾细胞上的味觉受体结合时，会引发一系列生化反应，导致细胞释放神经递质。这些神经递质激活味觉神经纤维，将信号传递到大脑。大脑皮层的味觉区对信号进行处理和解析，使人们能够识别和区分不同的味道。大脑还会将味觉信息与记忆、情感和经验相结合，形成完整的味觉体验，如图 3-47 所示。

图 3-47　味觉模拟

味觉输出设备是一种旨在模拟和再现食物或化学物质味道的技术设备。味觉输出设备的核心工作原理是通过模拟食物或化学物质中的味道成分来产生味道。这些设备通常包含一个或多个味道发生器，这些发生器能够根据预设的程序释放特定的化学物质或味道混合物。味道发生器可以是简单的液体泵，也可以是复杂的化学反应系统，它们通过精确控制味道的释放量和时间，来模拟特定食物的味道。

味觉输出设备通过刺激用户的味觉感受器官来生成味觉感知，目前有两种刺激方式，一是化学刺激，通过使用化学物质直接刺激用户的味觉感受器；二是非化学刺激，使用电刺激或者热刺激等方式来产生味觉。

化学刺激主要是通过口腔内的装置，将化学生成的味觉溶液输送到舌头上以产生味觉感知；非化学刺激主要是使用热和电来刺激舌头产生味觉，目前在医学和生理学上的研究最多，Platting 等通过使用不同频率电极刺激单个人类的舌头，产生了酸味、苦味和咸味。Cruz 等研究温度变化对味觉感知的影响，也发现了甜、酸、咸的感觉。但是，这些研究所产生的味觉具有不可控性，在舌体上的不同位置会产生不同的反应。

　　非化学刺激方法是交互系统中研究最少的，而在交互中使用化学品是不现实的，因为一组化学品难以存储和操作。此外，味觉的化学刺激在本质上是类似的，因此将这种方法用于数字交互是不切实际的。因此，很明显，人们需要使用非化学刺激方法来实现对味道的数字控制。除了使用上述电刺激和热刺激来产生味觉，随着科技的进步和大脑的开发，直接对大脑产生刺激从而生成味觉感知的可能性也随之产生。

　　味觉输出设备需要满足以下条件才能作为交互设备使用。首先，味觉输出设备需要能够储存多种不同的味觉物质，并根据需要快速准确地释放。这通常涉及微处理器控制的泵系统和精确的计量装置。其次，为了模拟复杂的味道，设备需要精确地对用户舌头上的对应位置给予需求的刺激。同时，设备需要能够根据用户的输入或环境条件自动调整味道输出。这可能涉及传感器技术、人工智能算法和用户界面设计。最后，味觉输出设备需要考虑人的安全和健康问题，若是使用化学物质，可能会引起安全和健康问题，设备需要确保所有释放的味道都是安全的，并且设备的佩戴不会对用户造成不适。

　　2. 味觉输出设备类型

　　1) 电刺激型味觉输出设备

　　电刺激型味觉输出设备通过直接刺激舌头上的味蕾，刺激味觉感受细胞，导致细胞释放神经递质，传递到大脑从而产生味觉，电刺激产生的味道不如自然味道复杂，但可以模拟基本的味道。

　　Ranasinghe 等开发了一个实验仪器——数字棒棒糖，利用电刺激来生成不同的味觉，该系统可以控制电流的特性来形成不同的刺激，通过逆电流机制产生甜味，在舌头不同的区域生成酸、咸、苦、甜的感觉，如图 3-48 所示。

图 3-48　Ranasinghe 等开发的电刺激味觉数字棒棒糖

　　2) 热刺激型味觉输出设备

　　味觉受体位于舌头的味蕾中，它们对化学物质敏感，但同时也受到温度的影响。不同的温度可以改变味觉受体的活性，从而影响味觉信号的传递和感知。热刺激型味觉输出设备通过改变舌头接触温度来生成不同的味觉感知。Nakatsu 等使用热刺激来刺激鼻尖部分，产生了甜味、薄荷味和轻微的辛辣，并和电刺激结合产生三种不同程度的酸味。

　　3) 化学刺激型味觉输出设备

　　化学刺激型味觉输出设备通过直接合成化学液体作用于舌头，刺激味蕾产生相应的味觉感知。Brooks 等发明的化学刺激型味觉输出设备并不是直接生成化学物质，而是使用化学味觉调节剂选择性地改变基本味道，可以单一地对某一种味道进行抑制和改变。虽然这种方法可以达到最丰富的味觉效果，但是安全性却是最低的，化学物质可能会对人产生危害。

第 4 章 三维建模技术

三维建模技术构成了虚拟现实技术的基石，其主要职责是在数字空间内精确地重现复杂的真实世界场景。当前的三维建模技术主要包括传统的几何建模、基于扫描的建模以及基于图像的建模技术。每种技术都有其独特的应用场景和优势，例如，几何建模提供了高度的控制和精确性，适用于需要精细操作的建模项目；基于扫描的建模则能快速捕捉现实世界物体或环境的细节，转化为三维数字模型；而基于图像的建模技术则利用算法从静态图像中重建三维场景，适合于资源有限的应用。在虚拟现实的开发过程中，这些技术通常综合使用，以实现最佳的视觉效果和系统性能。

4.1 三维物体的几何表征方法

本节将系统地探讨三维建模中的关键几何表征方法，以及这些方法如何在虚拟现实技术中发挥核心作用。从三维模型的基础组成要素——顶点、边和面入手，介绍多边形网格和体素化技术，这两种技术在现代三维图形处理中扮演了主要角色。多边形网格，特别是基于三角形的网格，因其高效率和广泛的硬件支持，成为实时图形渲染的首选方法。相对地，体素化技术通过空间离散化，将连续几何体转换为一系列的小立方体(体素)，每个体素存储着关于其位置的详细体积数据，这种方法在需要精确体积处理的应用场景，如医疗领域等，表现出其独特优势。

此外，本章还将探讨神经网络隐式场技术，这种基于深度学习的方法能够从复杂数据中学习并模拟三维空间的几何信息。通过神经网络隐式场技术，人们可以精确地生成和渲染复杂的三维模型，这在提升模型的真实感和细节表现上具有显著优势。

4.1.1 顶点、边和面的基本概念

1. 顶点(vertex)

顶点是三维模型中最基本的元素之一，它们是空间中的点，每个顶点都具有一个三维坐标以确定顶点在三维空间中的位置，通常表示为$(x，y，z)$。在一个三维模型中，顶点通常连接在一起以形成边和面。例如，一个立方体有八个顶点，每个顶点表示立方体的一个角落。

2. 边(edge)

边是连接两个顶点的线段，它们定义了模型的边界和形状。每条边都由两个顶点确定，并且位于它们之间。在三维建模中，边可以用来描述模型的轮廓和边界。例如，一个立方体有 12 条边，每条边连接立方体的两个相邻顶点。

3. 面(face)

面是由三个或三个以上的顶点组成的平面区域，它们定义了模型的表面和外观。面由顶点按照一定的顺序连接而成，形成一个封闭的区域。在三维建模中，面通常用来表示物体的表面，它们可以被填充以创建实体物体。例如，一个立方体有六个面，每个面都是一个正方形，由四个相邻的顶点组成。

4.1.2　多边形和曲面建模

1. 多边形(polygon mesh)

多边形模型的基元是由多个边组成的多边形，主要以三角面为主。多边形模型是虚拟现实领域模型的经典表示方法，它的组成单元均为平面，采用多个平面逼近物体表面的思想来表示三维网格。由于计算机的硬件，如显卡等，已经对处理多边形进行了优化，在处理多边形网格渲染和可视化等操作时效率较高，使得多边形模型在游戏、电影制作等领域应用广泛。如图 4-1 所示，同一球体可以按分辨率要求用不同个数的三角面表示。

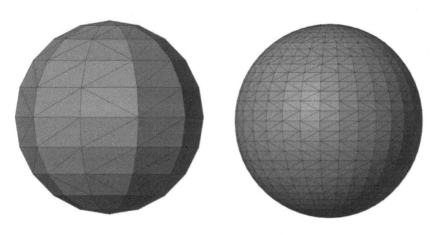

(a) 用 180 个三角面表示的球体　　　　　(b) 用 1740 个三角面表示的球体

图 4-1　分别用 180 个和 1740 个三角面表示的球体

2. 参数曲面片(parametric surfaces)

参数曲面片是一种在计算机辅助设计(computer aided design，CAD)中经常用到的三维模型表示方式。和多边形模型以平面多边形为基元不同，参数曲面片的基元是由曲线构成的曲面片。

参数曲面片模型的每一个曲面片都是由数学公式定义的，可以通过改变参数来进行形状编辑。因此，在用户放大参数化三维模型时，并不会出现多边形网格模型表现出的"失真"感觉。参数曲面片模型由于数学上的精度优势经常用于工业 CAD 中。虽然参数曲面片是一种数学的分析式表示，但是这并不意味着这种模型可以精确表示现实世界中的物体。例如，现实世界中常见的树木，就很难用参数曲面公式对其进行准确创建。同时，参数曲面片模型在渲染效率上远低于经过硬件优化的多边形网格，所以这种表示方式在计算机图形学中并不占主导地位。

4.1.3 体素

在三维建模中，体素化(voxelization)是一种重要的数据表达方式，它为虚拟现实、计算机图形学以及医学成像等领域提供了精确和灵活的模型构建方法。

体素化通过将物体所在的空间细分为一个个大小相同的基元也就是体素，然后根据体素是否在物体内来对体素进行标记(0-在物体外；1-在物体内)。体素化的关键优势在于其简单性和直观性，使得复杂物体的处理变得更加高效。例如，在医学成像中，计算机体层成像(computer tomograph，CT)和磁共振成像(magnetic resonance imaging，MRI)技术常用体素表示来显示人体内部结构。

体素模型的主要挑战在于其对存储和处理能力的高需求，特别是在表示大型或高度详细的三维数据时。此外，体素的分辨率也会直接影响模型的精确度和视觉质量，较小的体素可以提供更高的细节度，但同时需要更多的计算资源和存储空间。如图4-2所示，对于雕塑模型而言，较小体积的体素能够更精确地描述目标物体，但同时也需要更多的体素数量。与其他表示方法相比，这种方法存储代价较大，并且如果不使用扫描仪获取模型的体素表示，直接利用手工构建复杂物体比较困难。

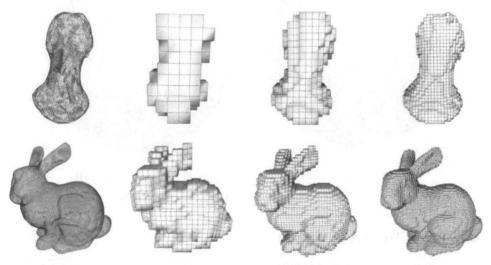

图 4-2　体素表示示意图

4.1.4 三维物体的隐式表示

虚拟现实的三维物体的隐式表示是指使用一个函数来描述场景几何，输入 3D 空间坐标，输出对应的几何信息。常用的隐式表示方法有符号距离函数、占据场、神经辐射场等。

1. 符号距离函数(signed distance function)

符号距离函数是一种常见的隐式表示方法，它定义了每个空间点到物体表面的符号距离。具体而言，对于给定的三维点(x, y, z)，符号距离函数$f(x, y, z)$的值表示该点到最近物体表面的距离，正值表示在物体外部，负值表示在物体内部，而零值表示在物体表面上。通过符号距离函数，可以轻松地判断点是否在物体内部、外部或表面上，并且可以生成物体的网格表示。

2. 占据场(occupancy field)

占据场是一种隐式表示方法，用于定义三维空间中的每个点是否被物体所占据。在这种表示方法中，函数$f(x, y, z)$输出一个概率值，范围通常为0~1。这个值表示在给定的位置(x, y, z)有物体存在的概率，一般以0.5为标准，即当概率值小于0.5时倾向于该点未被物体占用，概率值大于0.5时认为点被物体占用，概率值等于0.5时认为点在物体表面上。这样的表示方法不仅帮助确定物体的大致空间分布，也支持在一定程度上推断出物体的几何边界。然而，相较于符号距离函数，占据场不直接提供物体表面的精确位置信息，因此在需要高精度表面重建的应用中，它的实用性可能受到限制。

3. 神经辐射场(neural radiance field，NeRF)

NeRF的核心思想是将场景中的每个三维位置的信息储存在一个神经网络中，该网络将点的空间坐标和观察方向作为输入，输出点的颜色和密度等信息。具体而言，NeRF使用一个深度神经网络来建模每个点处的辐射量，该辐射量表示光线经过该点时的颜色和透射率等信息。通过训练深度神经网络，NeRF能够学习场景中物体的几何形状和表面属性，并生成逼真的渲染图像。

4.2　常见三维模型文件格式

在获取了物体的三维信息后，需要将其按照特定格式保存在计算机中。三维模型有几种常用的存储格式，如STL、OBJ、FBX、USD等。本节将介绍这几种常见的三维模型的文件格式、模型数据的组织结构以及如何读取和解析这些文件。

4.2.1　STL 文件格式

STL又译作立体光刻，原本用于立体光刻计算机辅助设计软件的文件格式。它有一些逆向首字母缩略词，如"标准三角语言"(standard triangle language)、"标准曲面细分语言"(standard tessellation language)、"立体光刻语言"(stereo lithography language)等。许多三维软件都支持这种格式，它广泛用于快速成型、3D打印和计算机辅助制造。STL文件格式仅描述三维物体的表面几何形状，没有颜色、材质贴图等属性。

这种文件格式包含的模型信息最简单，仅包括三维模型的几何多边形信息，没有任何颜色、纹理或拓扑等属性表示。STL 文件格式可以指定两种表示，一种是美国信息交换标准（American standard code for information interchange，ASCII）码表示，另一种是二进制表示。二进制表示相比 ASCII 表示更加紧凑，表示同一个模型所需空间更小、应用更广泛。ASCII 表示的可读性更强，可以直接利用记事本打开。ASCII 文件格式一般以三角面片的格式存储三维模型信息，其主要组织结构如下。

三角面片数据：以面片的法向量和三个顶点坐标表示。例如，对于二进制格式，每个三角面片由固定长度的字节表示，依次包含法向量(12 字节)和三个顶点的坐标(每个顶点坐标为 12 字节)，总共 48 字节。

4.2.2　OBJ 文件格式

OBJ 是 Wavefront Technologies 公司开发的一种几何体图形文件格式。该格式最初为动画工具 Advanced Visualizer 开发，现已开放，很多其他三维图形软件中都有使用。OBJ 文件格式是一款表示三维几何图形的简单数据格式，包含每个顶点的位置、UV 映射、法线以及组成面(多边形)的顶点列表等数据。因为该格式中的顶点默认均以逆时针方向存储，所以无须保存面法线数据。OBJ 文件格式中的坐标没有具体的单位，但是文件中可以以注释的形式标注缩放信息。

和 STL 文件格式的模型一样，OBJ 文件格式模型同样可以利用 Windows 自带的 3D 查看器观察，并且可以利用记事本进一步查看模型存储的详细信息。相比于 STL 文件格式，该文件格式还包含了顶点纹理、顶点法线等信息。相比 FBX 文件格式，这种文件格式仅是物体的静态模型，不包含任何动画信息。其主要组织结构如下。

顶点(vertice)数据：以 v 开头，后跟顶点的 x、y、z 坐标值，如 v 1.0 2.0 3.0。

法线(normal)数据：以 vn 开头，后跟法线的 x、y、z 分量，用于表现表面的方向，如 vn 0.0 1.0 0.0。

纹理坐标(texture coordinate)：以 vt 开头，后跟纹理坐标的 u、v 值，用于贴图映射，如 vt 0.5 0.5。

面片(faces)数据：以 f 开头，后跟顶点索引，用于描述面片的顶点连接关系，如 f 1/1/1 2/2/2 3/3/3，其表示一个三角形面片，其中，每组数据依次表示顶点索引、纹理坐标索引和法线索引。

4.2.3　FBX 文件格式

FBX 文件格式是一种流行的 3D 数据交换格式，主要用于在 3D 编辑器和游戏引擎之间进行数据传输。最初，它是作为 Kaydara 的 Filmbox 动作捕捉工具的原生文件格式而创建的。FBX 文件格式可以存储三维模型、动画、材质和其他相关数据，也支持包括几何、动画、材质等在内的多种数据类型。

FBX 文件格式和只能记录静态模型的 OBJ 和 STL 文件格式的最大区别是它可以记录动画序列帧。而和 STL 文件格式类似的是，这种文件格式同样有 ASCII 和二进制两种编码方式。由于二进制格式在模型较大时能节省存储空间的特性，目前较常用的是二进制格式的 FBX 文件。FBX 文件格式是一种复杂的二进制文件格式，通常包含以下主要部分。

节点(node)数据：FBX 文件格式是基于节点的，每个节点代表文件中的一个对象，如网格、骨骼、动画等。每个节点可以包含多个子节点，形成一个层次结构。节点通常包括名称、属性和变换信息等。

属性(property)数据：描述节点的属性信息，如几何体的顶点数据、材质信息、动画数据等。属性数据可以是简单的数值(如浮点数、整数等)、复杂的数组或者是连接到其他节点或数据的引用。

连接(connection)数据：描述节点之间的连接关系，如节点之间的父子关系、依赖关系等。通过连接数据，可以准确地表示场景中不同对象之间的关联和依赖，如模型与材质的关系、骨骼与动画的关系等。

动画(animation)数据：FBX 文件格式最突出的特点之一是其支持动画序列帧的记录和存储。动画数据包括骨骼动画、关键帧动画、形状动画等，可以精确地描述物体在时间上的变化和运动。

材质和纹理(material and texture)数据：FBX 文件格式可以包含丰富的材质和纹理信息，用于渲染和表现模型的外观。材质数据包括颜色、反射、折射、光照等，而纹理数据则用于给模型表面添加图案、纹理和细节。

除了上述主要部分外，FBX 文件格式还可以包含其他各种类型的数据，如灯光设置、摄像机参数、约束条件等。

4.3　常见三维建模软件工具

三维建模是一个多步骤的过程，通过专业的软件工具在虚拟空间中创建和操纵复杂的三维对象。这些工具不仅支持模型的创建，还包括纹理、动画、照明和渲染等功能，是虚拟现实、游戏开发、电影制作和工业设计等多个领域不可或缺的技术。

在虚拟现实三维建模领域，建模软件需要支持高精度和复杂的交互效果，因此选择合适的工具尤为关键。一些高级的三维建模软件，如 Maya、Blender、ZBrush 和 3ds Max 等，不仅提供了广泛的建模工具，还提供了对虚拟现实硬件和软件接口的支持，使得模型可以直接导入虚拟现实系统中进行测试和使用。

4.3.1　传统三维建模软件

在虚拟现实领域，传统的三维建模软件，如 Maya、Blender、ZBrush 和 3ds Max 等，是最为常用的工具，它们提供了强大的模型创建、动画和渲染功能，能够处理非常复杂的场景和动画。同时，这些软件也各自具有独特的优势。

1. Maya

Maya 是一个全面的三维建模软件，提供从建模、纹理、动画到渲染的完整解决方案。Maya 软件特别擅长动画制作，其强大的动画工具、复杂的角色绑定功能以及高级模拟系统使其在电影和电视行业中非常受欢迎。Maya 软件的节点编辑器和广泛的插件生态系统也为高级用户提供了极大的灵活性和扩展性。

2. Blender

Blender 是一款开源且免费的三维建模软件，具有非常强大的功能，包括建模、动画、渲染、后期处理和视频编辑等。虽然初学者可能需要一些时间适应 Blender 软件的用户界面，但其强大的功能和零成本特性使它在个人艺术家和小型工作室中非常流行。Blender 软件的常规更新和大型社区支持保证了其工具和功能的持续完善和改进。

3. ZBrush

Pixologic 的 ZBrush 是一款专注于雕刻和纹理绘制的三维建模工具，广泛用于创作高精度角色和复杂的纹理效果。它的雕刻工具能够处理高达数千万多边形的模型，使艺术家能够以极高的细节级别工作，这在游戏资产创建和电影特效中尤为重要。ZBrush 软件还提供了强大的材质和光照工具，使模型的真实感和细节得到显著增强。

4.3.2　三维建模的基本流程

三维建模是一个涉及多个复杂步骤的过程，旨在创建可用于各种应用(如虚拟现实、游戏、影视制作和工业设计等)的三维数字资产。本节详细介绍三维建模的关键步骤，以帮助读者了解从概念到最终渲染的完整工作流程。

1. 概念设计与规划

在三维建模的第一阶段，概念设计与规划至关重要。这一阶段主要涉及搜集和创造灵感，如概念艺术、草图和故事板等，它们将指导后续的建模工作。艺术指导和项目管理团队通常会在此阶段定义项目的视觉风格和技术要求。此外，为了确保模型的实用性和功能性，还需要考虑目标平台(如虚拟现实、游戏或电影等)的技术限制和用户体验。

2. 模型创建

模型创建是三维建模流程中的核心步骤。使用多边形建模是最常见的方法，它涉及在三维建模软件中创建和连接顶点、边和面，形成所需的物体。这个过程需要模型师具备高度的准确性和对细节的敏感性。此外，对构建出的模型进行几何重拓扑是一个重要的步骤，重拓扑的主要任务是重新组织和简化模型的顶点、边和面的结构，从而形成一个拥有尽可能少的多边形数量而不损失过多细节的模型。这样做的好处是可以提高模型在动画和实时渲染时的性能，减少计算负担，同时保持表面的视觉细节。随着模型形状的初步完成，可能需要进行迭代修改以满足美学和功能性需求。

3. 纹理贴图与材质

纹理贴图与材质的应用是使三维模型看起来更为真实和具有吸引力的关键步骤。在 UV 展开过程中，模型师需要将三维表面转换成二维布局，以便纹理能够正确地映射到模型上。接着，纹理贴图的创建涉及绘制或获取高质量的图像，这些图像在模型上模拟出各种物理特性，如颜色、纹理和反光等。此外，通过调整材质的各种参数，如反光率、透明度和粗糙度等，可以进一步增强模型的视觉效果。这一步骤需要艺术家具有良好的视觉审美和对材料特性的深入理解。

4. 绑定与动画

如果模型需要进行动画表现，那么绑定与动画步骤是必不可少的。绑定过程中，模型将被附加到一个骨架上，这个骨架模拟了一个真实生物或机械的动作能力。正确的骨骼设置可以确保模型在动画过程中的自然运动。动画制作则是通过设置关键帧来控制模型或其部分在不同时间点的状态，这要求动画师具备对动作理解和时间控制的能力，以创造流畅且具有表现力的动画。

5. 渲染

渲染是三维建模的最后阶段，它将三维场景转换为最终的二维图像或视频。这一过程包括计算光线如何在场景中传播，以及如何从不同的材质表面反射和折射，从而产生最终的视觉效果。高级渲染技术，如全局光照和光线追踪等，可以增加渲染的真实感，但同时也大大增加了计算的复杂性和时间。渲染设置的优化至关重要，以确保在保持高质量图像的同时，控制渲染时间和资源消耗。

4.3.3　建模工具的插件和扩展

在三维建模领域，为了适应各种特定需求和增强软件功能，许多建模工具都提供了丰富的插件和扩展功能。这些插件和扩展功能可以极大地提高工作效率、增加新的功能或者优化现有的工作流程。以下是几种常见的插件和扩展类型以及它们在三维建模中的应用。

1. 功能增强插件

功能增强插件设计用来扩展和提升三维建模软件的核心能力。这类插件可以添加新的建模功能、优化现有的工作流程或简化复杂的建模任务。一个典型的例子是 Quad Remesher 插件，它能够将复杂的高多边形模型转换为具有规则四边形拓扑的优化模型，同时保持重要的几何细节。该插件特别适合在需要使用复杂模型的游戏或实时应用中使用，因为这些应用通常要求模型具有优化的网格结构，以便于动画、模拟等操作。

2. 渲染插件

渲染插件用于提供额外的渲染能力或改进现有渲染引擎的性能和质量。这些插件通常包括更高级的光照模型、支持更多的材质效果或更快的渲染速度。例如，V-Ray 是一种流行的渲染插件，广泛用于提高渲染的真实感和视觉效果。V-Ray 插件提供了高级的光线追踪技术，能够模拟复杂的光照情况，如全局照明和散射效果等。它还包括一个广泛的材质库和多种渲染有效缩短选项，使得用户可以在不牺牲渲染质量的情况下优化渲染时间。通过使用 V-Ray 插件，可以创建出接近真实世界的视觉效果。

3. 动画和模拟插件

动画和模拟插件为三维建模软件添加专门的动画和物理模拟功能。这些插件通常用于创建复杂的动态效果，如布料动画、流体动态和毛发模拟等。RealFlow 是一个在三维建模和动画行业中知名的流体动力学模拟插件。它专注于模拟液体和其他流体的行为，允许用户创建逼真的水、血液、油或其他液体效果。RealFlow 插件的功能包括模拟液体的流动、溅射和交互等，其模拟结果可以直接用于电影和广告中的特效，或作为游戏资产的一部分。这种类型的插件使得艺术家能够在不离开主建模环境的情况下，完成通常需要专业软件处理的复杂任务。

4.3.4　简单物体的建模示例

本节将使用 Blender 软件来进行一个简单苹果的建模演示。Blender 软件新建项目时，场景会默认添加一个基本体——立方体网格。如图 4-3 所示，选择场景 3D 视图编辑器中视图叠加层的"统计信息"复选框可以看到该立方体网格由 8 个顶点、12 条边和 6 个四边形面组成。

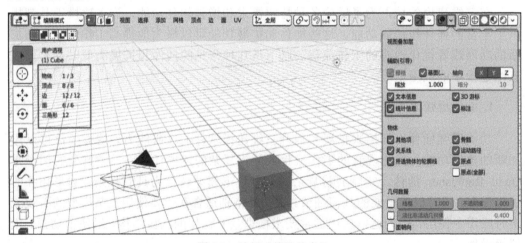

图 4-3　选择"统计信息"

除了立方体外，Blender 软件还提供了一系列建模常用的基本体，如立方体、柱体、锥体、环体等。在实际应用中，简单物体的建模往往只须对这些提供的基本网格进行操作即可实现。下面将以 Blender 软件的基本网格柱体为基础，以日常生活中常见的苹果为例讲解 Blender 软件建模中的一些基本操作，如图 4-4 所示，先观察一下已建模完的苹果模型以对手动建模目标有一些直观的了解。

图 4-4　苹果的简单建模

在进行具体建模之前，需要分析现实世界中苹果的几何形状：苹果整体呈扁球状，上下两端有凹陷，上端有果柄，下端有果脐。果体上半部分更加饱满，下半部分相对收窄。果柄以及果脐均突出苹果果体表面，会有许多类似建模操作。苹果建模可以分为两部分：较规则的果体，果柄和果脐。下面分块对这些部分进行建模，最终成品可以参考"3. 材质及成果展示"的图 4-23。

1. 果体

从果体的形状判断出可以利用经纬球来实现苹果建模。在物体模式下，先选择场景中的立方体，按 Delete 键删除场景中默认的立方体模型，再按 Shift+A 键添加一个经纬球的基本体。添加操作以及添加的经纬球如图 4-5 所示。在图 4-5 中左下角单击"添加 UV 球体"按钮可以对添加的基本体进行具体设置，如段数、环数等。此时按照默认设置即可。

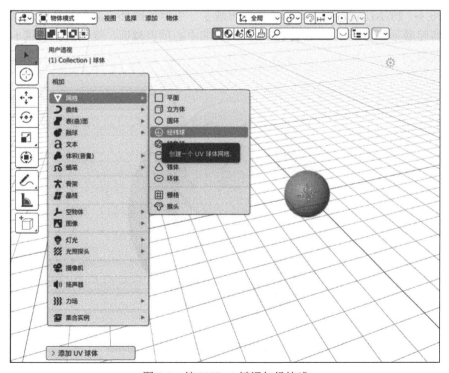

图 4-5　按 Shift+A 键添加经纬球

　　如图 4-6 所示，按 Tab 键切换为编辑模式，进入点选择模式，选择球体最上方的顶点，按 O 键打开"衰减笔刷"。当"衰减笔刷"亮起蓝色背景说明已被选中，此时按 G+Z 键，利用鼠标控制顶部中心顶点在 Z 方向向下移动。

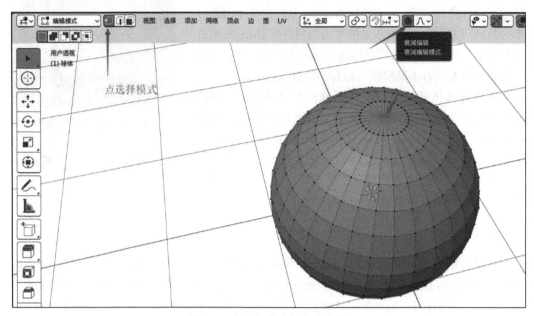

图 4-6　点选择模式与衰减编辑

　　如图 4-7 所示，这时可以看到场景中出现了一个黑色圆环，黑色圆环圈住范围的球体顶点将随着顶部中心顶点的方向移动，离顶部中心顶点越远，受到的影响越小，这就是衰减编辑。

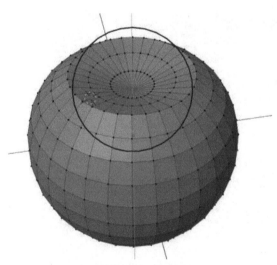

图 4-7　利用"衰减编辑"设置果体两端的凹陷

黑色圆环控制区域的大小可以通过滚动鼠标中间的滚轮进行设置。果体两端的凹陷均可通过此操作进行调整，调整的结果如图 4-8 所示。

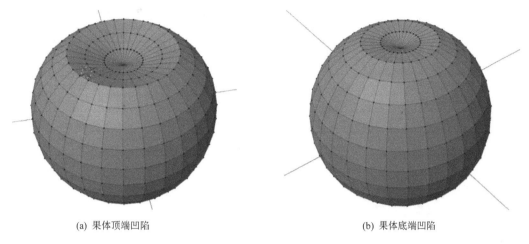

(a) 果体顶端凹陷　　　　　　　　　(b) 果体底端凹陷

图 4-8　果体两端凹陷结果

在果体的凹陷建模完成之后，将对果体上部的饱满区域和下部的相对收窄的区域进行设计。同样利用"衰减编辑"，只是此次需要对边进行衰减编辑。首先按 Alt 键，然后单击希望扩张/缩减的边，即可选中球体的循环边，选中的循环边如图 4-9(a)所示。然后利用滚轮控制影响区域为果体的上部，按 S 键缩放该循环边，使得果体上部成为更加饱满的状态，如图 4-9(b)所示。相对而言，果体下部已经呈现出收窄态势，如果认为仍需调整果体下半部分，按照同样的方法操作即可。

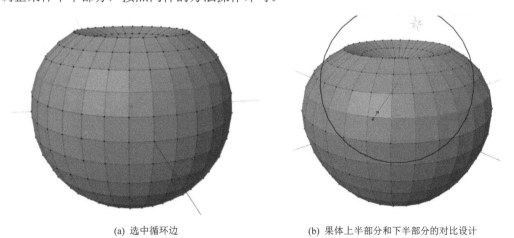

(a) 选中循环边　　　　　　　　　(b) 果体上半部分和下半部分的对比设计

图 4-9　果体衰减编辑流程展示

果体的最后一个设计步骤是为了增加果体真实感，使果体模型更加平滑与随机。平滑的具体操作为，按 Tab 键切换编辑模式为物体模式，同时按 Ctrl+2 键，对模型添加细分级数为 2 的修改器进行表面细分，细分结果如图 4-10 所示。

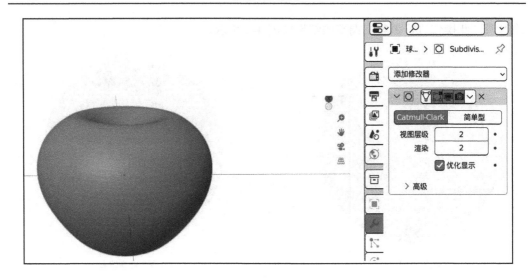

图 4-10　细分后的果体模型

随机是为了使苹果表面更加真实，如图 4-11 所示，将"衰减笔刷"默认选择的平滑模式改为随机模式，然后选择顶端和底部区域的顶点，逐一利用移动键 G 和鼠标滚轮对果体模型进行修改。

图 4-12 所示为进一步调整了果体表面随机性的结果。当结束衰减编辑进行其他操作时，需要再按 O 键以取消"衰减笔刷"。

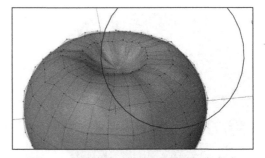

图 4-11　修改衰减编辑的模式为随机模式　　　图 4-12　选择点调整果体表面增加真实感

2. 果柄和果脐

果体是以经纬球为基本体进行建模的，模型的顶点和底端均为顶点，为了能让果柄和果脐从模型两端延伸出来，可考虑将顶点变为圆环。以顶端顶点为例，选择顶点后，利用倒角工具的快捷键 Ctrl+Shift+B 将顶点倒角为循环边。如果段数不为 1，可利用滚轮控制使段数为 1。倒角后的模型如图 4-13 所示。底部也同样操作即可[①]。

---

① 如果由于果体调整无法看到顶端顶点，可以按 Alt+Z 键切换为透视模式。

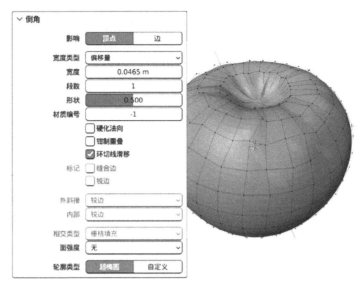

图 4-13　模型倒角

按 Alt+Z 键选择倒角出的循环边，按 E 键向下挤出，为下一步延伸出的果柄和果脐做准备。具体操作结果如图 4-14(a)所示，挤出面平行于原循环边，可使果体内的果柄达到垂直于苹果模型的效果。然后按 R 键适当缩小倒角出的循环边以提高苹果凹陷处的真实感。接下来具体设计果柄，在选择挤出面的循环边基础上，继续按 E 键向上挤出，如图 4-14(b)所示，移动鼠标至合适位置，按住鼠标左键停止挤出，然后按 S 键缩放该循环边，设计果柄逐渐变细的效果。然后多次挤出，同时利用缩放键 S、旋转键 R 以及移动键 G 形成弯曲的果柄，最后一个挤出的循环边可以利用缩放键适当放大，以达到果柄尖处略粗的效果。

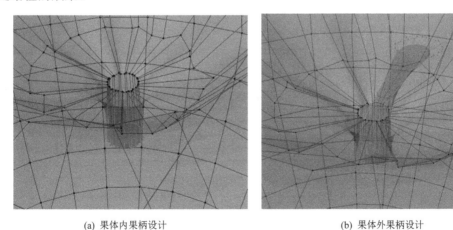

(a) 果体内果柄设计　　　　　　　　　　　　　　　(b) 果体外果柄设计

图 4-14　果体的内外果柄设计

果脐处也可这样操作，形成如图 4-15 所示的结果。为了进一步增加真实感，如图 4-16 所示，可以选择最后一个挤出面的循环边，按快捷键 I 进行内插面。

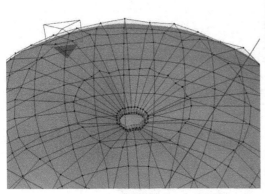

图 4-15　果脐挤出面

图 4-16　果脐内插面

图 4-17　果脐建模结果

然后利用果体中经常使用的衰减操作，对内插面上的顶点进行一定的移动，以达到果脐表面凹凸不平的效果，如图 4-17 所示。

3. 材质及成果展示

至此，苹果的几何建模已经完成，为了使苹果模型更加真实，要完善苹果的材质。首先需要在 https://www. blenderkit.com/addon-download 网站下载 BlenderKit 插件。BlenderKit 是一个非常强大的资源库，网站上的资源遵循免版税或创作共用零协议 (creative commons zero，CC0)，在使用上非常方便。下载好 BlenderKit 插件后，打开 Blender 软件，按照如图 4-18 所示的顺序安装该插件。安装插件成功后，需要勾选该插件以启用。

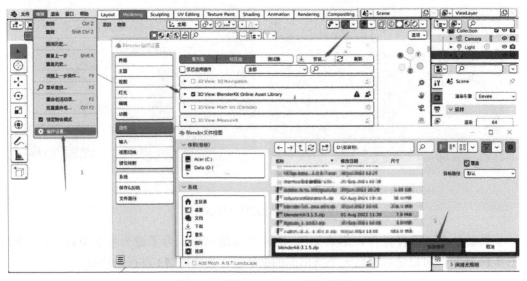

图 4-18　安装 BlenderKit 插件步骤

如果视图中没有侧栏，按快捷键 N 弹出侧栏，然后选择侧栏 BlenderKit 选项中的 BlenderKit Login 选项，注册账号并登录。为了寻找苹果材质资源，选择如图 4-19 所示的"材质"选项，搜索 apple 以寻找苹果果体的材质。

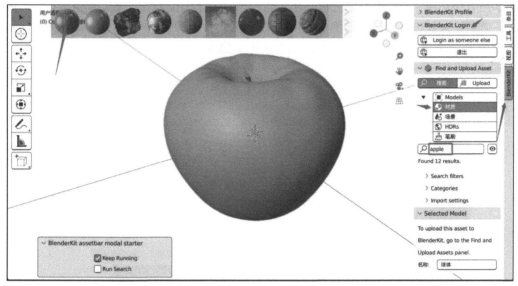

图 4-19　搜索苹果材质

选择一种合适的苹果材质，如图 4-19 左上角的第一个所示，果体将使用这种材质，单击该材质，就会自动下载这种材质到网格上。

如图 4-20 所示，切换到视图着色模式之后，就可以看到苹果模型上添加了材质的效果，但苹果果柄的材质贴图并不是常见的棕色，这同样可以通过在 BlenderKit 插件中搜索 bark 寻找类似果柄的材质来解决。

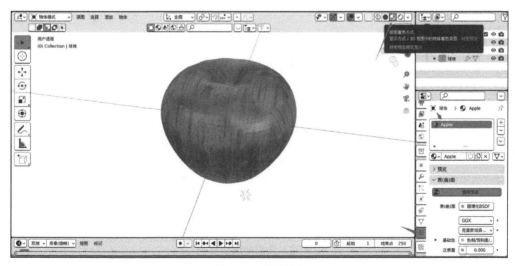

图 4-20　视图着色

当下载完毕后会发现苹果整个模型的材质都变成了树皮状，这与预期并不相符，就需要为果柄所在面指定材质。首先，在如图 4-21 所示的界面右侧选择 Apple 为要关联的材质。然后如图 4-22 所示，进入编辑模式下的面选择模式，然后按 Alt+Z 键进入透明模式，按 Alt 键和鼠标左键选择果柄处的循环面，再按 Shift 键不断加选以选中苹果果柄所在的所有循环面。选中所有面之后，在界面右侧，选择 bark 材质，最后单击"指定"按钮。苹果果脐处可以同样搜索类似的材质来近似设置。至此，一个简单的苹果模型就制作完成了，按 F12 键查看渲染图像，结果如图 4-23 所示。

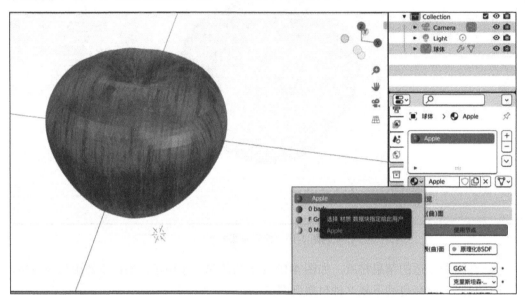

图 4-21　苹果初期材质

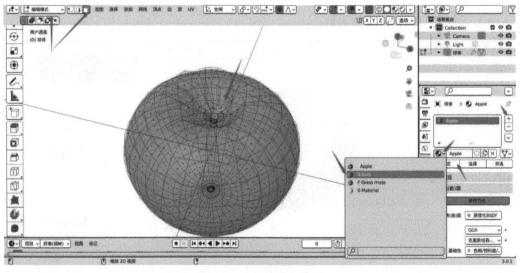

图 4-22　为果柄添加材质

图 4-23　苹果模型结果

4.4　基于多幅图像的三维获取方法

了解了三维物体的几何表征方法以及常见的三维建模工具之后，本节讨论基于多幅图像的三维获取方法，总结多视角几何三维重建的步骤。

4.4.1　图像三维重建基本原理

多视角几何利用从不同视角对同一目标拍摄的图像，来计算摄像机之间的关系和目标的三维形状。

多视角几何三维重建法主要研究如何通过多幅不同视角的二维图像，恢复原有物体三维几何结构信息。其中，"多视角"意味着需要从不同视角对某一静止目标拍摄图像，并且拍摄的图像互有重叠且重叠率不小于 50%，环绕拍摄效果更佳。基于数字图像的多视角几何三维重建不依赖于物体原始的空间几何关系与相对尺寸信息，也无需拍摄时相机的空间位置与朝向信息，仅利用多幅原始的数字图像与相机镜头参数等信息，即可直接计算出相机位姿之间的关系以及相机与重建物体之间的位姿关系，并最终生成三维场景。

下面介绍多视角几何三维重建法的大致流程。首先，需要对目标物体拍摄多视角的图像，采集到的数字图像要经过图像畸变矫正完成预处理。然后，用传统的特征提取描述子或者学习的方法对图像进行特征点提取，接着需要对两两图像进行特征匹配，获得两两相机之间的空间位姿关系，模型优化后经过运动恢复结构(structure from motion, SFM)运算，获得相机空间参数及稀疏三维点云模型。在此基础上，再进行稠密三维点云重建，生成三维模型。

4.4.2　特征点提取与跟踪

在多视角几何三维重建过程中，特征点提取与跟踪是核心步骤，它们不仅连接不同的图像视角，还保证了从这些视角重建的三维结构在几何和视觉上的准确性与连贯性。此过程从多个视角拍摄的图像中提取出具有显著视觉特征的点，然后在图像序列中对这些点进行跟踪，以确保三维重建的质量和精度。

1. 特征点提取

特征点提取的目标是从每幅图像中识别出容易跟踪且在多幅图像中可重复识别的关键点。这些关键点通常位于图像的角点、边缘或具有独特纹理的区域，因为这些位置在视觉上具有较高的独特性，能够在不同视角和光照条件下被稳定识别。

1) 尺度不变特征变换(scale-invariant feature transform，SIFT)

SIFT 算法是特征提取中的一种经典方法，由 David Lowe 在 1999 年提出。它能够在图像中检测出具有尺度不变性的特征点，并为每个特征点生成一个独特的描述符，该描述符在图像缩放、旋转甚至光照变化时保持不变。SIFT 算法的工作流程可以分为四个主要阶段。

(1) 尺度空间极值检测：SIFT 算法首先构建图像的尺度空间，这是通过对原始图像应用不同尺度的高斯模糊来实现的。在这些不同尺度的图像上，该算法搜索局部极值点，这些极值点是潜在的特征点。

(2) 关键点定位：在每个候选的特征点位置，SIFT 算法通过一个拟合模型来确定特征点的确切位置，同时消除对比度较低的点和边缘上的点，因为这些点可能在匹配过程中产生较大的不稳定性。

(3) 方向赋值：为了增强特征点对图像旋转的不变性，该算法为每个特征点赋予一个基于其局部图像梯度方向的主方向。

(4) 关键点描述：在每个特征点周围的区域内，SIFT 算法计算该区域内的梯度方向直方图，用这些直方图构成的向量来作为该特征点的描述符。

2) 加速鲁棒特征(speeded-up robust features，SURF)

SURF 算法是对 SIFT 的改进和加速，它在保持相似性能的同时，计算速度更快。SURF 使用积分图来快速计算图像的哈尔波特基响应，并利用这些响应来检测特征点和构建特征描述符。哈尔波特基响应是基于简化的高斯二阶导数计算，使得 SURF 在处理大尺寸图像时特别有效。

2. 特征点跟踪

一旦特征点在单个图像中被识别出来，特征点跟踪就涉及在图像序列中识别这些相同的特征点，确保它们在不同的图像帧中能够正确匹配。这对于恢复物体或场景的运动和结构非常关键。

1) 光流法

光流法是一种估计图像序列中特征点运动的技术，它基于这样一个假设：一个物体在连续的图像帧中的移动是平滑的。在实际应用中，卢卡斯-卡纳德方法是一种广泛使用的光流估计技术。该方法假设在一个小的窗口内所有像素共享相同的运动模式，通过最小化相邻帧之间像素强度差的平方和来计算每个像素的运动向量，从而实现对特征点的精确跟踪。

2) 基于模型的跟踪

基于模型的跟踪方法适用于预测性较强的运动场景，如机器人臂的规律运动或汽车在道路上的行驶。此方法结合动态模型和实时观测数据，使用滤波算法(如卡尔曼滤波器等)来预测和更新特征点的状态。这种集成的方法不仅增强了跟踪的准确性,还确保了在连续图像帧中特征点跟踪的稳定性和可靠性。

4.4.3 常用三维重建软件

在虚拟现实技术领域,三维重建软件不仅需要能够高效地处理大量数据,还必须具备生成高质量、逼真三维模型的能力。以下是几款在虚拟现实领域中表现出色的三维重建软件,它们各自的特点和功能能够满足不同层次的技术需求和专业标准。

1. Agisoft Metashape

Agisoft Metashape(原名 PhotoScan)是一款高级摄影测量软件,通过自动化的处理流程从多幅图片中生成精确的三维数据。它支持从简单的小型项目到成千上万的图像集的处理,使其成为考古、地理信息系统(geographic information system,GIS)、视觉效果制作和无人机地图制作等领域的理想选择。Agisoft Metashape 软件强调对于纹理细节的保留能力以及对于复杂几何结构的高级建模能力,使得重建的模型不仅精确,而且在视觉上吸引人。

2. Autodesk ReCap

Autodesk ReCap 是专为三维扫描和现实捕捉技术设计的软件,用于创建和编辑高质量的三维模型。ReCap 能够处理来自激光扫描器和其他光学设备的数据,常用于工程、建筑和产品设计中。其特点是可以直接与 Autodesk 的其他设计软件(如 AutoCAD 和 Revit 等)集成,提供了一条从设计到打印的工作流程。此外,ReCap 提供云服务,允许用户远程共享和处理大量扫描数据。

3. Reality Capture

Reality Capture 是一款功能强大的摄影测量和激光扫描软件,以其极速的数据处理能力和高精度的模型输出而著称。它特别适用于需要将大量图像和扫描数据快速转换为三维模型的场景,如游戏开发、电影制作和文化遗产保护等。RealityCapture 支持全色和高动态范围的图像,能够生成细节丰富且逼真的纹理,非常适合高质量视觉演示。

4.4.4 简易物体的三维重建示例

Reality Capture 是一款用于三维重建的专业软件,主要是通过多视角扫描的图像生成数据,提供给用户一个制作和编辑三维模型的平台,多用于游戏角色构建以及大型建筑场景重建。这里以该软件 1.0.3 版本为例。

1. 界面介绍

如图 4-24 所示,窗口上方为应用程序功能区,包括"WORKFLOW"工作流选项卡、"ALIGNMENT"对齐选项卡和"RECONSTRUCTION"重建选项卡,不同选项卡中有不同的工具和命令。单击应用程序窗口左上角的图标即可打开主菜单,可创建项目和保存项目等。

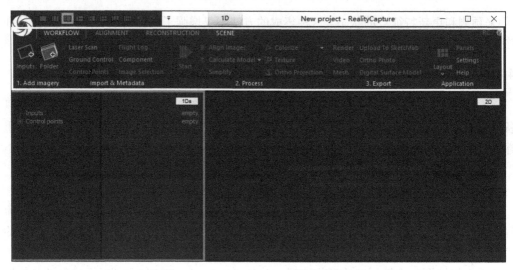

图 4-24　Reality Capture 应用程序窗口

图 4-25　Reality Capture 视图类型

　　布局单元格区域右上角的小白色按钮显示的是当前区域的视图类型，可选择下拉菜单进行更改，如图 4-25 所示。

　　1D 视图显示的是所有对象之间的分层关系，可用于访问各种重建对象的信息。2D 视图显示所选对象的 2D 图像内容，将场景元素拖放到 2D 视图便可预览。3D 视图显示当前所选组件中模型与相机位姿的关系。

2. 素材准备

　　在使用 Reality Capture 重建之前，需要准备好目标物体的图像素材，最好是环绕物体一周所采集的图像。Reality Capture 支持的素材格式有很多，如 bmp、tiff、rc2、jpg、png 等。图 4-26 中所使用的素材是 Reality Capture 官方网站提供的公开示例图像。

图 4-26　目标物体的图像素材

3. 简单使用

　　下面介绍使用 Reality Capture 重建模型的简单步骤。首先导入图像素材。如图 4-27

所示，应用程序窗口的"WORKFLOW"工作流选项卡中有两个图标按钮，即"Inputs"和"Folder"。"Inputs"能够将单个图像文件导入工作空间中；使用"Folder"能够直接将整个文件夹中的内容导入。

图 4-27　导入图像素材

接着，在 1D 视图窗口可以看到导入的图像数量和名称，如图 4-28 所示。

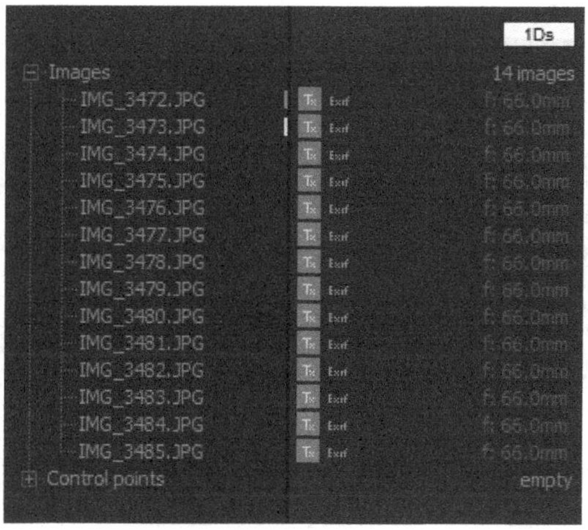

图 4-28　1D 视图窗口

在 1D 视图窗口选择任意图像，拖动至 2D 视图窗口即可预览图像，如图 4-29 所示。

图 4-29　2D 视图窗口

如图 4-30 所示，进入"ALIGNMENT"对齐选项卡，单击"Align Images"按钮自

动提取图像特征点并且对齐。

图 4-30 "ALIGNMENT"对齐选项卡

对齐结束后，可以通过模型点云看出模型的大致形状，并且可以知道拍摄图像时的相机位姿，如图 4-31 所示。

图 4-31 模型点云效果

在生成模型之前，需要调整三维重建的范围。如图 4-32 所示，选择"RECONSTRUCTION"重建选项卡，在"Set Reconstruction Region"下拉列表框中设置解算框范围，有 3 种选项，分别是手动设置、自动设置与清空设置，其中，"Set Region Manually"为需要人工拉拽解算框的范围，调整至自己需要的重建范围；"Set Region Automatically"为软件会自动识别物体

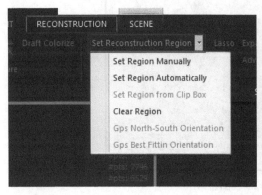
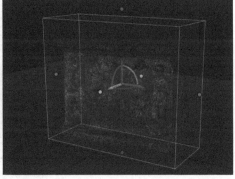

图 4-32 设置解算框范围

并设置解算框，但是这种方式设置的范围或许不够理想；"Clear Region"为不用另设解算框，而是对拍摄的整个三维空间计算重建。

接着，单击"Normal Detail"(一般精细程度)按钮提交三维重建任务，如图 4-33 所示；也可根据具体情况，提交不同级别精度重建任务，其中，"Preview"表示概览模型，"High Detail"表示精细化模型。图 4-34 所示为三维重建后的白模效果。

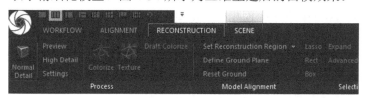

图 4-33　提交三维重建任务

图 4-34　三维重建后的白模效果

然后，单击"Colorize"按钮计算顶点颜色，单击"Texture"按钮生成纹理。最终，一般精细的模型重建效果如图 4-35 所示。

图 4-35　一般精细模型重建效果

4.5　模型的几何重拓扑

拓扑研究的是一系列抽象的点与线之间的连接关系。在三维建模中，模型是由一系列多边形网格连接组合而成的，此处的拓扑可以理解为"布线"，即模型的面的结构分布。不同的模型可以有相同的拓扑，而相同的模型可以有无限种面的组合方式，如图 4-36 所示，图中的三个正方体，虽然是同一个物体，但是面的排布方式却不尽相同，也就是说它们的拓扑不一致。即使是同一组多视角图像，通过不同方式会产生不同拓扑结构，如果三维模型只有正确的形状，而不具备一个好的拓扑结构，依然不能称得上是一个理想的模型。拓扑结果对模型的影响主要在以下几方面。

首先，理想的拓扑结构有助于后续的动画绑定与制作。结构合理的三维模型在受到挤压或者拉伸时，能呈现出更好的模型效果，如图 4-36 所示的三个拓扑不一致的正方体，在一定程度的形变之后，表面可能会出现不同程度的撕裂，而较好的拓扑可以承受的形变程度更大。

其次，好的拓扑往往拥有规则且数量较少的面数，减小机器的计算量，也方便后续的再加工。布线较好的模型，模型师可以很快地定位并微调具体某一部分的面；而对于拓扑不理想的模型来说，再加工效率很低，特别是一些复杂的结构，需要手动定位并修改布线细节，工作量大。

另外，良好的拓扑结构方便后续制作贴图。当进行 UV 展开操作时，若模型的面片密度差异很大或面片边数不统一，则会增加工作量。理想拓扑模型的 UV 展开不仅方便而且纹理贴图效果远远优于那些差的拓扑模型。

图 4-36　正方体的不同拓扑对比

4.5.1　几何数据清理和修复

几何数据清理和修复是三维建模流程中很重要的一步，特别是在进行复杂三维重建的任务中，如从多视角图像或扫描数据中重建三维模型。这一步骤确保模型的数据质量和准确性，对后续的模型分析、渲染和动画制作有着直接的影响。

在实际应用中，由于采集设备的局限性、环境干扰或操作误差，原始的三维数据经常充斥着各种问题，如噪声点、不必要的干扰物、缺失的数据区域和非真实的几何扭曲等。这些问题如果不加处理,将直接影响最终模型的使用价值和视觉效果。几何数据的清理和修复流程通常包括以下几个关键步骤。

(1) 去噪和孤立点移除:采集的三维数据中常常包含由环境因素或设备误差引入的噪声。使用各种滤波算法,如高斯滤波、中值滤波等,可以有效去除这些噪声。此外,孤立的数据点,即与主体模型空间位置相距甚远的点,通常视为异常点,需要识别和删除。

(2) 数据洞口填补:在三维扫描过程中,特定角度的遮挡或扫描设备的覆盖不足可能导致模型出现空洞。使用算法自动检测并填补这些空洞是修复工作的一部分。常用的技术包括曲面重建和网格插值等,这些技术能够基于周围的数据推断出空洞区域可能的几何形状。

(3) 几何简化与优化:高分辨率的三维扫描可能产生非常密集的网格数据,这对于处理和渲染来说可能过于复杂。通过几何简化技术,可以减少模型的多边形数量,而不显著影响其视觉质量。这一步骤有助于优化模型的处理效率和渲染速度。

(4) 拓扑一致性检查与修正:在三维模型中,错误的拓扑结构,如非流形边缘或自相交的几何体等,会导致渲染和动画过程出现问题。拓扑修正工具可以识别并修复这些拓扑错误,确保模型的几何连续性和一致性。

4.5.2 拓扑修复和模型重建

拓扑修复和模型重建是确保三维模型在视觉上逼真且技术上适用于动画和实时渲染的重要步骤。在多幅图像的三维重建中,尤其是在复杂或动态的环境下,模型常常会出现拓扑错误,这些错误需要通过专门的技术进行识别和修正。

1. 拓扑修复

拓扑修复关注调整和优化模型的网格结构,特别是从扫描或基于图像的重建技术得到的模型。这些模型常常充斥着各种拓扑错误和结构问题,如非流形几何体、孔洞、多余的边缘以及重复的顶点等。拓扑修复通常包括以下几个关键步骤。

(1) 识别问题区域:拓扑修复的第一步是全面分析三维模型,以识别所有拓扑错误。这一阶段,模型师需要使用软件工具,如 Maya、3D-Coat 或 Blender 等,来检查模型的网格。问题通常包括孤立点(即与模型主体不相连的单独顶点)、重复顶点(两个或更多顶点在空间中占据同一位置但不共享边缘)以及不正确的边缘连接(如多边形错误连接导致的网格穿插)。通过可视化工具和脚本,这些问题可以被自动标识出来。

(2) 重新网格化:识别出问题区域后,接下来的任务是重新网格化,这通常需要将现有的非优化网格转化为更加规整和一致的网格结构。重新网格化可以手动完成,也可以通过自动化工具进行,如 ZBrush 的 ZRemesher 等,它能够自动重新生成模型的拓扑,优化网格布局并减少多边形数量,同时保留模型的主要特征。自动重拓扑工具是理想选择,因为它们可以显著提高工作效率,尤其是处理复杂模型时。

(3) 优化网格流:是确保模型拓扑结构符合其几何形态的关键步骤,特别是在模型的关键动画部位,如关节、面部等。这一步骤要求模型师手动调整网格,使其更好地支持后续的动画和形变。这通常意味着为需要进行大量形变的区域增加更多的循环和网格密度,以便在动画过程中获得更平滑和自然的运动。

2. 模型重建

模型重建相对来说则更加关注于从底层重新构建模型的整体结构，尤其是当原始模型的质量不足以满足特定应用需求时。这通常涉及全新的设计思路和重建方法，以达到更高的视觉质量和技术性能。在虚拟现实中，模型不仅需要高度的真实感，还要求高效的性能以支持实时交互。原始模型如果在结构上存在根本性的缺陷，或者其设计初衷不符合虚拟现实的应用场景，重建成为必需的选择。模型重建通常包括以下几个关键步骤。

(1) 需求评估：在模型重建之前，首先需要对现有模型进行全面评估，确定其不足之处及改进的目标。这包括评估模型的多边形数量、网格布局的效率以及现有拓扑结构对动画和实时渲染的支持程度等。评估结果将直接影响重建策略的制定，确定哪些部分需要优化或完全重建。

(2) 设计新的拓扑结构：基于评估的结果，设计一个新的拓扑结构是重建过程中的核心步骤。这一步骤涉及决定最优的网格布局，通常需要较少的多边形同时优化每个多边形的放置，以提高渲染效率并支持复杂动画。这通常需要模型师根据虚拟现实应用的具体需求，使用专业建模工具手动重新绘制网格。

(3) 细节迁移：在新的拓扑结构设计完毕后，需要将原模型的细节迁移到新模型上。这可以通过高级技术，如法线贴图和位移贴图等来实现，这些技术可以在不增加多边形数量的情况下，保留原模型的视觉细节。法线贴图特别适合于复杂的表面细节，如皮肤纹理、布料纹理等；而位移贴图可以用于更加显著的几何变化。

(4) UV 展开和纹理映射：重新建立的模型还需要进行 UV 展开，以优化纹理的覆盖和效果。这一步骤确保纹理贴图能够正确无误地应用在模型上，无纹理拉伸或压缩的问题。优化后的 UV 展开不仅能提高纹理的利用率，还能在视觉上提升模型的质感和真实感。

4.5.3　基于 R3DS Wrap 的重拓扑示例

R3DS Wrap 是一款专业的三维拓扑工具软件，针对人体扫描对象，提供了一组有效便捷的处理工具，如网格形变、模型遮罩、纹理投影等，可以将现有的基础模型非刚性地拟合于每个扫描模型中，目前，该软件已大量运用于电影制作中。

本节介绍如何快速地将拓扑良好的模型快速匹配到另一个扫描模型(高模)上，也就是 4.5.2 节提到的重拓扑，赋予扫描的高模一个新的理想拓扑结构。软件中的"Wrap"可以理解为使用基础模型去包裹扫描模型，从而得到扫描模型上与基础模型低模对应的顶点位置。

1. 基本界面

打开应用程序，如图 4-37 所示，可以看到 R3DS Wrap 的界面由三个大模块组成，其中，左半边为可视化界面，该界面又有多种视图，包括 Viewport3D (3D 视图)、Viewport2D (2D 视图)、Visual editor (可视编辑视图)、Gallery (素材库视图)，可以分别使用键盘的 Q、W、E、R 键实现视图切换。

图 4-37　R3DS Wrap 应用程序窗口

右上方为节点操作界面，如图 4-38 所示，按 Tab 键进行节点的添加或者搜索。R3DS Wrap 采用节点图架构，其中的节点是软件预定义的，一个节点表示一种操作。一个工程中的完整步骤由许多个节点的堆叠和连接构成。

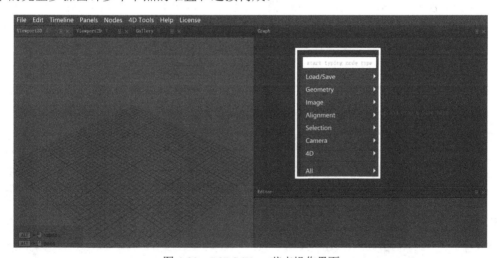

图 4-38　R3DS Wrap 节点操作界面

右下方为参数编辑界面，在该界面中可以对相应的节点功能的参数进行设置。

若想要手动调整模型使其在可视化界面中的显示大小合适，可采取以下操作：在节点操作界面选中模型所对应的节点，或者在可视化界面中选择模型，按 Alt 键加鼠标左键调整模型显示角度，按 Alt 键加鼠标滚轮调整模型显示位置，按 Alt 键加鼠标右键调整模型缩放。另外，直接使用鼠标滚轮也可以缩放模型。

2. 重拓扑基础操作

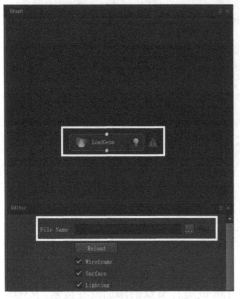

图 4-39 添加"LoadGeom"节点

重拓扑需要两个模型：一个是通过相机扫描获取的高模，另一个是预先定义的基础模型。如图 4-39 所示，首先在节点操作界面中添加"LoadGeom"节点，参数编辑界面可以选择文件所在路径进行导入。若左边的可视化界面没有观察到对应的模型，则按 F 键获取合适大小的模型显示。本节直接使用素材库中的模型进行演示。

(1) 按 R 键切换到素材库视图，找到"Scans"一栏，该栏展示了几个 R3DS Wrap 提供的高模，任意选择一个模型，这里以"Alex"模型为例，单击后可以看到右上方节点操作界面中自动新增了两个节点：一个是"AlexTexture"，用于导入贴图，另一个是"Alex"，用于导入模型。"Alex"节点右侧的小灯泡用于控制其在可视化界面中的显示，若单击小灯泡使其消失，则节点对应的模型不显示，再次单击方块使其变亮，模型重新显示于左侧界面。同理，在素材库的"Basemeshes"一栏导入"Head"模型作为已拓扑好的基础模型。

(2) 在两个模型之间的对应位置做好点位标记，这些预定义信息对于基础模型与扫描模型对齐以及重拓扑非常重要。该步骤操作如下，如图 4-40 所示，在节点操作界面中

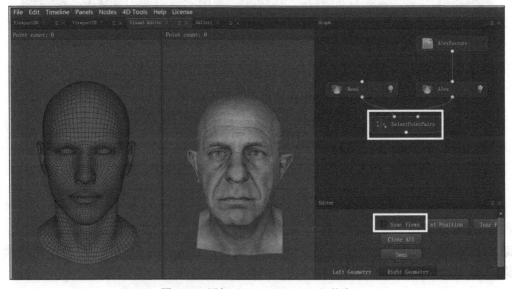

图 4-40 添加"SelectPointPairs"节点

添加"SelectPointPairs"节点,该节点需要两个输入,分别为基础模型和扫描模型,设置好连接线后,按 E 键切换至"Visual editor"可视编辑视图,可以看到左侧界面出现两个模型。

(3) 选择参数编辑界面中的"Sync views"(同步视图)复选框,如图 4-41 所示,分别在两个模型上标记对应的点,在可视编辑视图中调整模型位置后,直接单击模型即可添加标记点,注意,两个模型上选择点的顺序必须一致。对准已标记的点按住鼠标左键可挪动其位置,按 Ctrl 键并单击该点可取消该标记点。所标记的点越多,对齐越准,重拓扑效果也更好。

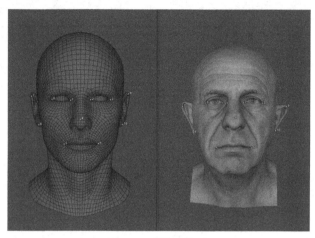

图 4-41　添加标记点

(4) 添加"RigidAlignment"节点,如图 4-42 所示连接节点,节点上方的 3 个小方块从左到右分别连接基础模型、扫描模型和对应标记点信息。在参数编辑界面中选择"Match scale"复选框,使得两个模型缩放到相同比例大小,然后切换到"Viewport3D"3D 视图,并且在节点操作界面中选择显示"Alex"和"RigidAlignment"模型,隐藏其

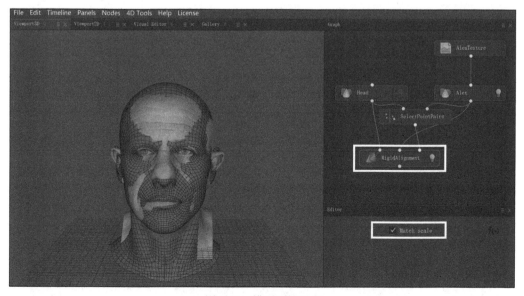

图 4-42　模型刚性对齐

他模型，可以得到如图 4-42 所示效果，两个模型的位置和大小已基本对齐。

　　(5) 继续包裹操作，添加 "Wrapping" 节点后，按照图 4-43 所示连接节点。

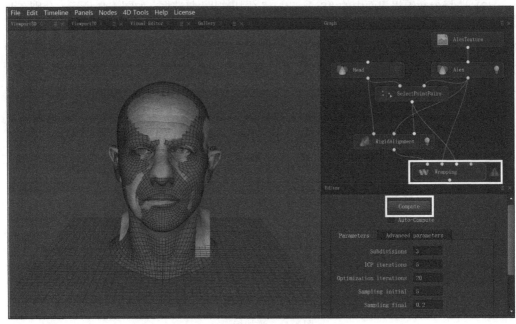

图 4-43　添加 "Wrapping" 节点

　　(6) 单击参数编辑界面中的 "Compute" 按钮进行计算，图 4-44 所示为计算进度界面。

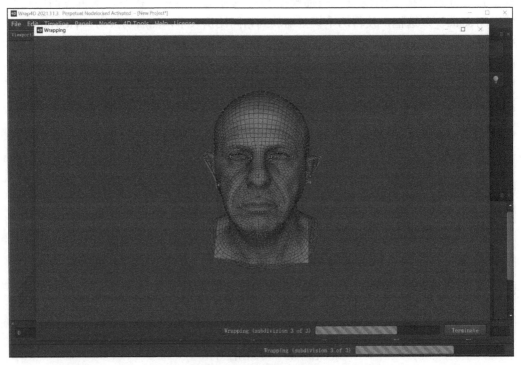

图 4-44　计算进度界面

（7）计算完成后，调整节点操作界面，选择只显示"Wrapping"节点，可以看到包裹后的结果如图 4-45 所示，此时已得到重拓扑后的模型。

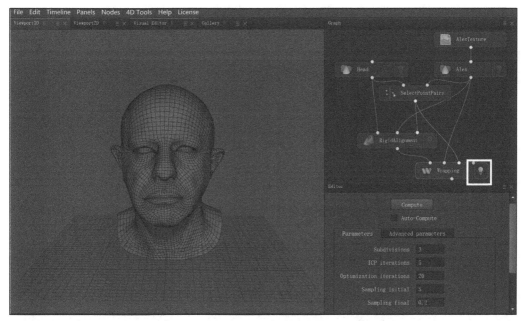

图 4-45 模型包裹效果

（8）导出模型和贴图。添加"SaveGeom"节点，与需要导出的模型节点相连接，如图 4-46 所示，在参数编辑界面的"File Name"处填写保存路径，单击"Compute Current

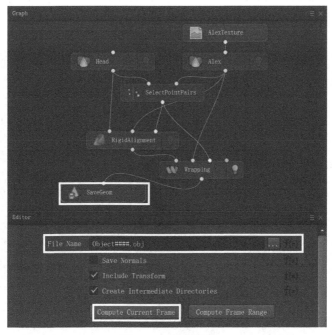

图 4-46 导出模型

Frame"按钮执行当前帧。导出的.obj 文件即为重拓扑后的低模。

(9) 如图 4-47 所示,添加"TransferTexture"节点,将扫描模型的贴图转化为与重拓扑后低模对应的贴图。该节点至少需要两个输入,节点左上方的小圆点连接 source geometry,即用于输入扫描模型,中间小圆点连接 target geometry,用于输入重拓扑后的低模。

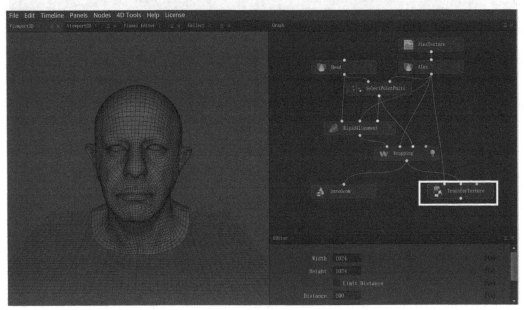

图 4-47　转换贴图

(10) 选择"TransferTexture"节点后,按 W 键切换到 2D 视图查看待保存的贴图,如图 4-48 所示。在参数编辑界面可以设置图片大小。

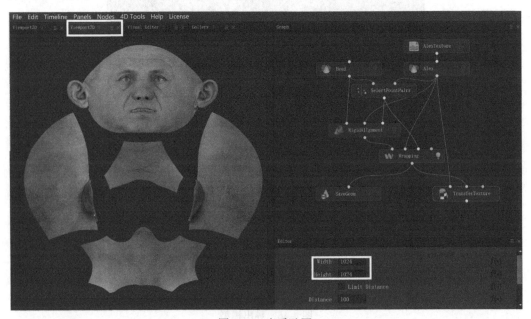

图 4-48　查看贴图

(11) 如图 4-49 所示，添加"SaveImage"节点，在参数编辑界面设置保存路径以及保存图片的质量，单击"Compute current frame"按钮，执行当前帧即可导出贴图。

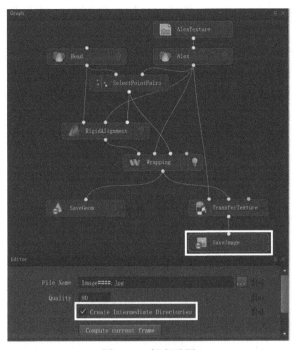

图 4-49　保存贴图

至此，基于 R3DS Wrap 的简单重拓扑操作已经完成。

4.6　传统渲染管线、着色与材质原理

本节探讨计算机图形学中的传统渲染管线、着色与材质原理，它们是实现高质量图像渲染的基础。这些概念在虚拟现实、游戏设计和电影制作等领域都有着广泛的应用。

4.6.1　渲染管线概述

渲染管线，或称为图形管线，是计算机图形学中用于将三维模型转换为二维图像的过程。渲染管线是现代图形显示技术的核心，特别是在虚拟现实、游戏和专业图形设计领域中。这一过程涉及多个顺序执行的阶段，每个阶段都对模型的表示进行特定的处理，以便最终在屏幕上呈现出来。渲染管线的基本工作是处理和转换三维场景数据，以生成可以在屏幕上显示的二维图像。这包括模型的形状、颜色、材质、光照和摄像机视角等信息的处理。

1. 几何处理阶段

在三维图形渲染管线的几何处理阶段，三维模型的顶点数据经过一系列关键的转换处理，以适应最终的二维视图展示。该阶段是渲染流水线中不可或缺的部分，主要负责

将抽象的三维模型转换为具体的二维图像。这一转换过程包括模型转换、视图转换和投影转换三个关键子阶段，每个子阶段均扮演着至关重要的角色。

(1) 模型转换：将模型从其原生的局部坐标系统(模型空间)转换到全局坐标系统(世界空间)。在模型空间中，物体的顶点坐标是相对于物体自身的原点定义的。转换到世界空间时，顶点坐标则需要反映物体在更广阔环境中的确切位置和方向。此转换通常通过应用一系列变换矩阵实现，这些矩阵代表平移(改变物体位置)、旋转(调整物体方向)和缩放(变更物体大小)。通过对模型的每个顶点应用这些变换矩阵，可以确保模型在世界空间中被正确定位和方向化。

(2) 视图转换：将世界空间中的对象转换至观察者的视点空间，即相机空间。在此阶段，所有世界坐标转换为相对于摄像机位置和方向的坐标。这一步骤是必需的，因为它将场景从一个固定的全局视角转变为基于用户当前视角的视图，为投影阶段做好准备。视图转换通常通过一个视图矩阵来实现，该矩阵根据摄像机的位置、朝向和上方向构建。视图矩阵的任务是将世界空间中的坐标转换到视点空间中，确保所有渲染对象都从摄像机的视角进行绘制。

(3) 投影转换：将三维视点空间坐标转换为二维屏幕空间坐标。这一阶段包括透视投影和正交投影，这些投影方式决定了如何将三维场景映射到二维屏幕上。透视投影模拟人眼的视觉效果，使得物体随着距离的增加而逐渐变小，这种投影通常用于大多数真实感渲染，因为它能有效模拟深度和距离感。正交投影忽略深度效果，所有物体无论远近都以相同尺寸显示，适用于需要强调物体实际大小和位置的应用，如工程图纸或某些战略游戏等。

2. 光栅化阶段

光栅化阶段是三维图形渲染管线中的一个关键步骤，它负责将几何处理阶段处理过的顶点数据(通常以三角形网格表示)转换为屏幕上的像素表示。这一过程包括扫描转换和遮挡处理两个主要任务。

(1) 扫描转换：确定屏幕上哪些像素属于给定的三角形。这一过程涉及计算每个三角形边界内的像素点，将这些像素点映射到屏幕上相应的位置。为了进行扫描转换，首先要确定三角形在屏幕上的边界框(bounding box)。这是一个封闭的矩形区域，它完全包含了三角形。然后，算法遍历这个边界框中的每一个像素，使用一系列数学测试(如边界函数测试等)来判断这些像素是否位于三角形的内部。如果一个像素位于三角形内部，它的颜色和其他属性(如深度等)将被进一步计算和更新。

(2) 遮挡处理：在复杂的三维场景中，不同物体可能相互遮挡。遮挡处理的任务是确定屏幕上每个像素的颜色由哪个三角形决定，这通常涉及深度比较。这种处理常用的技术是深度缓冲。深度缓冲是一个与屏幕像素大小相匹配的缓冲区，每个元素存储对应像素点的深度值(即该点到摄像机的距离)。在光栅化过程中，每当一个像素的颜色被三角形的一个片段更新时，该片段的深度值也会被计算出来。系统会比较这个深度值与深度缓冲中存储的值。如果当前片段的深度值小于深度缓冲中的值(说明更靠近观察者)，那么该像素的颜色和深度值将被更新。如果当前片段的深度值大于或等于深度缓冲中的值,则该片段视为被遮挡,不会更新该像素的颜色和深度.这种方法确保了只有最靠前(即视觉上可见)的物体才会影响最终图像的渲染结果.深度缓冲不仅可以处理简单的遮挡问题,还能有效处理更复杂的场景,如部分透明物体或重叠物体的正确渲染等.

3. 像素处理阶段

在三维图形渲染管线中,像素处理是确定最终显示在屏幕上每个像素颜色的关键步骤.这个阶段涉及复杂的计算,主要包括纹理映射、光照计算以及图形处理单元加速渲染等,这些步骤是实现高质量图像渲染的核心部分.

1) 纹理映射

纹理映射是一种将二维图像数据(纹理)应用到三维模型表面的技术,用于增强视觉细节和现实感.纹理可以是简单的颜色图、光泽图或更复杂的法线贴图和位移贴图,它们分别用于模拟粗糙度、表面细节和凹凸不平的表面.纹理映射的过程包括几个关键步骤.

(1) 纹理坐标分配:每个顶点被赋予一个纹理坐标(通常称为 UV 坐标),指定在纹理图中的对应位置.

(2) 纹理插值:在光栅化阶段,三角形内每个像素的纹理坐标均通过顶点的纹理坐标插值得到.

(3) 纹理采样:根据插值得到的纹理坐标,从纹理图中采样颜色.这个过程可能包括纹理过滤技术,如线性过滤和各向异性过滤等,以优化纹理在不同视角和距离下的显示效果.

2) 光照计算

光照计算通过模拟光源对物体的照射效果来确定每个像素的颜色.这个过程基于物理原理,考虑了光源类型(如点光源、方向光源、环境光等)、材质属性(如漫反射系数、镜面反射系数、折射率等)和观察者位置.

4.6.2　光照模型和着色技术

光照模型和着色技术在三维渲染中起着至关重要的作用,它们精确地模拟光与物体表面的相互作用,从而决定场景中各物体的视觉特性.这些复杂的技术不仅提升了渲染图像的真实感,还是塑造丰富和动人视觉体验的关键因素.

1. 光照模型

光照模型是三维图形渲染管线中核心的组成部分,它定义了物体表面如何反射光线,从而影响观察者所看到的颜色和细节.正确的光照模拟对于产生真实感的视觉效果至关重要.在这部分中,详细探讨三种基本的光照模型:环境光照、漫反射光照和镜面反射光照,每种模型都有其独特的物理基础和应用场景.

(1) 环境光照:是最简单的光照模型,它假设光线从环境中均匀地照射到所有表面上.这种光照模型不考虑光源的具体位置和方向,因此不会产生阴影或高光,主要用于模拟间接光(如天空散射的光或由其他表面反射的光等).环境光照的主要作用是确保场景中没有直接光照的地方也不会完全处于黑暗中.这种光照通常设置为较低的亮度,以避免对场景的主要光照效果产生干扰。在实际应用中，环境光照通常与其他光照模型结合使用，以增加场景的整体照明和真实感。

(2) 漫反射光照：模拟光线入射到粗糙表面时的散射效果。这种散射使得光线均匀地分布在表面上，从任何角度观察，表面的亮度都是一致的。漫反射光照的计算基于Lambert 的余弦定律，其核心原理是表面的亮度与入射光线和表面法线角度的余弦成正比。漫反射光照模型非常适合模拟非金属材质，如木材、石材或布料等。这些材质通常不具有高光泽，其视觉效果主要由漫反射光照来决定。漫反射光照不仅增加了物体的可见性，还增强了材质的纹理和颜色的自然表现。

(3) 镜面反射光照：描述的是光线入射到光滑表面的行为，其中，反射光主要集中在与入射光相对的方向。这种反射依赖于观察者的位置和光源的方向，产生的高光效果是光滑表面(如金属或玻璃等)的典型特征。在计算镜面反射时，通常采用 Phong 反射模型或其变种 Blinn-Phong 模型。这些模型通过考虑光线与表面法线的角度以及观察者视线方向来计算高光的大小和亮度。镜面反射光照不仅给物体表面增加了视觉上的光泽感，还能够模拟出复杂的光影交互，如光线在光滑表面上的反射和折射等。

2. 着色技术

着色技术是三维图形渲染管线中用于根据光照模型精确计算物体表面颜色和外观的方法。这些技术不仅反映了物体的材质特性，还决定了光如何与物体表面互动，从而影响最终渲染的视觉效果。以下是几种关键的着色技术，它们各自适用于不同的渲染需求和场景。

(1) Gouraud 着色：是一种顶点着色方法，由 Henri Gouraud 提出。在此技术中，光照计算首先在模型的顶点上执行，然后通过插值方法将顶点的颜色值平滑过渡到整个多边形。这种方法有效地减少了计算量，因为它避免了在每个像素上计算光照。然而，Gouraud 着色的缺点是它可能无法准确渲染锐利的高光，因为高光可能会在顶点之间的插值过程中丢失。

(2) Phong 着色：是一种更为精细的着色技术，由 Bui Tuong Phong 提出。它在每个像素上独立计算光照效果。与 Gouraud 着色相比，Phong 着色能更精确地渲染光照效果，尤其是高光和细节。Phong 着色模型使用了光照模型中的环境光照、漫反射光照和镜面反射光照成分，并在像素级进行光照计算，从而能够产生更平滑和逼真的视觉效果。

(3) Blinn-Phong 着色：是 Phong 着色的一种变体，由 Jim Blinn 提出。这种方法在计算镜面高光时引入了半角向量，即光源方向和视线方向的中间向量。这一改进简化了高光的计算过程，同时提供了更为现实和柔和的高光效果。Blinn-Phong 着色在性能和视觉效果之间取得了较好的平衡，因此在实时渲染应用中得到了广泛使用。

(4) 基于物理渲染(physically based rendering，PBR)：是一种相对较新的技术，它使用从实际物理测量中得到的参数来增强渲染的真实感。PBR 在设计时考虑了真实世界的光照和材质特性，使得渲染结果不依赖于特定的光照环境或视角。PBR 的核心在于两个主要参数：金属度和粗糙度。金属度决定了材质是金属还是非金属，影响其反射光的颜色；粗糙度决定了表面散射光线的程度，影响高光的锐利程度和范围。通过这些参数，

PBR 能够模拟从粗糙的石头到光滑的金属等各种材质的光照效果。PBR 已经成为现代游戏引擎和电影制作中的标准着色技术，因为它提供了高度一致且可预测的结果，大大提高了材质的真实性和视觉吸引力。

4.6.3　材质属性和纹理映射

在三维图形渲染管线中，材质属性和纹理映射是决定物体外观的关键因素。这些技术通过模拟不同的物理属性和应用复杂的图像数据，增强了场景的真实感和视觉深度。

1. 材质属性

在三维图形渲染管线中，材质属性是定义如何呈现物体表面的关键元素。这些属性影响物体与光的交互方式，从而决定物体在最终渲染图像中的外观。材质属性可以分为基本属性和高级属性，每种属性都基于物理原理，模拟现实世界中材料的光学行为。

1) 基本属性

(1) 颜色：是最基本的材质属性，定义物体在接受光照时显示的基本色彩。在漫反射光照模型中，颜色决定物体表面散射光线的方式。颜色的选择直接影响物体的识别和美观度，是视觉设计中的核心要素。

(2) 光泽度：描述材质表面反射光线的强度和范围，决定材质的光滑程度和反光特性。高光泽度表面(如镜子或光滑的塑料等)将反射大量光线，形成明显的高光区域；而低光泽度的表面(如磨砂玻璃或未涂漆的木材等)则散射光线，反光较弱。

(3) 透明度：是材质允许光线穿透的程度。透明度高的物体(如清水或玻璃等)允许大部分光线通过，而不透明的物体则阻挡光线。透明度不仅影响视觉效果，还复杂地与折射率相互作用，影响光线通过材质时的路径。

2) 高级属性

(1) 各向异性：描述材质表面反射特性随方向变化的性质。这一属性常见于具有明显纹理或刷痕的材质，如刷铝或某些织物等。各向异性材质在不同方向上的反光和视觉纹理有明显差异，这对于模拟如发丝、布料等具有方向性的表面特别重要。

(2) 折射率：是描述材质影响光线路径弯曲程度的物理量。折射率高的材质(如钻石等)能显著改变光线路径，产生视觉上的扭曲效果。在透明材质中，折射率的设置对于达到真实的光学效果至关重要。

(3) 金属感：是在物理基础渲染(PBR)框架中使用的属性，用于区分材质是金属还是非金属。金属材质通常具有更高的反射率和特定的色彩反射特性，而非金属材质则在漫反射上表现更为明显。通过精确模拟金属的光学特性，PBR 技术能够极大地提升材质的真实感和复杂度。

2. 纹理映射技术

纹理映射是三维图形渲染中的核心技术之一，它允许开发者在不增加模型几何复杂性的情况下，大幅提高场景和对象的视觉细节和真实感。通过应用不同类型的纹理和利用高效的映射方法，可以显著增强数字内容的视觉质量。

1) 纹理类型

(1) 漫反射纹理：是最基本的纹理类型，它定义了物体表面在自然光照下的颜色。这种纹理直接影响物体的视觉外观，通过模拟光线与物体表面的漫反射交互，提供了场景中物体的颜色信息。

(2) 法线贴图：用于在不增加多余几何细节的情况下模拟复杂的表面细节。这种纹理包含表面小范围高度变化的法线信息，能够使光照反射呈现出更复杂的模式，从而模拟出更多的细节和质感。法线贴图特别适用于模拟皮革、石材表面或其他具有细微结构的材料。

(3) 位移贴图：通过使用纹理值直接修改模型表面的实际几何形状，从而创建出更为复杂和精细的表面细节。与法线贴图不同，位移贴图实际上改变了模型的几何结构，使得细节在任何角度下都可见，非常适合用于需要高级视觉效果的应用场景。

2) UV 映射技术

UV 映射是最常见的纹理映射技术，它涉及将模型的每个顶点关联到一个二维纹理图上的坐标(即 UV 坐标)。"U"和"V"分别代表纹理图的水平轴和垂直轴，这种方法将 3D 模型表面转换为 2D 平面，以便纹理图可以正确地覆盖在模型上。在模型的制作过程中，艺术家会为每个顶点指定 UV 坐标，这通常在 3D 建模软件中完成。UV 布局(或展开)需要精心设计，以确保纹理图在模型表面均匀分布，避免拉伸或压缩。渲染时，图形处理单元(GPU)根据模型表面上点(像素)的 UV 坐标来查找纹理图中相应的颜色值。这一过程称为纹理采样，它根据 UV 坐标决定每个像素最终的颜色。UV 映射作为最常见的映射技术，它有许多优点，首先是能够精确控制，UV 映射允许精确控制纹理在模型表面的放置，使得复杂图案和细节的纹理能够正确映射。其次是灵活性，艺术家可以针对特定的模型设计纹理，使纹理完美匹配模型的几何形状。但是，UV 映射仍然有一些缺陷，例如，UV 展开过程可能复杂且耗时，尤其是对于复杂的模型。其次，不当的 UV 展开可能导致纹理失真，如拉伸或压缩等。

3) 投影纹理技术

投影纹理技术采用类似于现实世界中投影机的方法，将纹理图直接投射到三维模型上。这种技术不依赖于 UV 坐标，而是使用三维空间中的投影矩阵来确定纹理在模型表面的映射。

设置投影矩阵的方法是首先定义一个投影矩阵，这将决定纹理图如何在三维空间中对模型进行投影，投影方式可以是正射投影或透视投影，取决于投影的具体需求。投影矩阵设置完成后需要进行坐标转换，模型的每个顶点坐标转换到投影空间，然后根据其在投影空间的位置来采样纹理图。投影纹理技术有其独特的优势，例如，其可以快速应用，投影纹理技术可以迅速应用于任何几何形状，特别适合不规则或复杂的模型；另一个优点是可以动态调整，投影纹理技术易于动态调整和更新，适用于需要动态变化纹理的场景。相应地，这种方法也有一定的局限性，例如，在模型的边缘或曲面可能会有投影失真，或是出现覆盖不均，即在凹面或折叠区域可能难以均匀覆盖纹理。

第5章 Unity 3D 开发工具

随着计算机处理能力的显著提升和用户对于数字产品界面及功能要求的提升,传统的逐行编码方式已逐渐让位于更高效、便捷的开发流程。游戏引擎(如 Unity 等)凭借其预先设计好的软件开发工具集,为开发者提供了丰富的资源和支持,极大提升了游戏开发的效率。Unity 3D 尤其对于虚拟现实(VR)及虚拟现实系统的发展具有重要意义。它不仅简化了 VR 内容的开发过程,提供了跨平台部署的便捷性,还以其强大的物理引擎和图形渲染能力,确保了 VR 体验的沉浸感和真实感。同时,Unity 3D 的社区支持和插件资源为开发者提供了持续创新的动力。因此,Unity 3D 不仅是 VR 开发的重要工具,更是推动 VR 技术持续发展的核心力量。

5.1 集成开发环境

在虚拟现实系统开发的浪潮中,高效且强大的集成开发环境是其中的关键一环,更是为探索虚拟现实世界提供技术起点。本节聚焦于 Unity 3D 开发工具的搭建与初始化配置,引领学习者从零开始踏入游戏开发领域。本节首先介绍如何下载并安装 Unity Hub,其是 Unity 3D 的版本管理软件,是开发过程中的一个重要工具,随后介绍如何激活个人免费许可证。借助 Unity Hub 安装 Unity 编辑器与 Visual Studio Community 2022(VS),并创建新项目,配置 VS 作为外部脚本编辑器,确保编程环境完备。通过本节内容,学习者将全面了解并掌握 Unity 集成开发环境的搭建流程。

5.1.1 Unity Hub 简介

1. 下载并安装 Unity Hub

打开浏览器,访问 Unity 官方网站(https://unity.cn),单击页面右上角的"下载 Unity"按钮,进入下载页面,会看到 Unity 的所有版本,选择 2022.3.17 版本,再单击"从 Unity Hub 下载"按钮,弹出一个安装 Unity Hub 的提示框,根据个人需要选择 Unity Hub 的安装位置,单击"下载"按钮进行下载。当 Unity Hub 下载完成后,双击安装文件以启动安装程序,并根据个人需求选择合适的安装位置,完成下载,具体操作如图 5-1 所示。

2. 个人许可证的激活

安装完成后,打开并运行 Unity Hub,并在 Unity Hub 的主界面中选择"设置"选项,再选择"许可证"选项,单击"添加许可证"按钮,在许可证类型中选择"获取免费的个人版许可证"单选按钮,个人版的许可证便成功激活,具体操作如图 5-2 所示。

图 5-1　Unity Hub 的下载

图 5-2　个人许可证的激活

5.1.2　Unity 3D 简介

1. 下载并安装 Unity 编辑器及 VS

在 Unity 官网中的更多版本中选择 Unity 2022.x 系列,然后选择 2022.3.17f1c1 版本,如图 5-3 所示,单击"从 Unity Hub 下载"按钮(推荐),若浏览器弹出提示,选择"始终允许 unity.cn 在关联的应用中打开此链接"复选框,然后单击"打开"按钮。

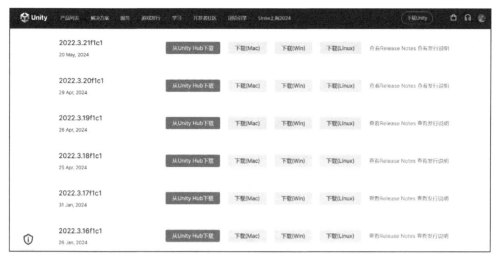

图 5-3　选择编辑器版本

稍等片刻后，Unity Hub 弹出安装提示框，Unity Hub 默认选择安装推荐的代码编译器，如 Microsoft Visual Studio Community 2022。若已安装编译器，可取消选择，安装好后在 Unity 中重新设置默认编译器即可；若未安装，弹出提示框后，选择相应选项，单击"继续"按钮，开始安装 Visual Stadio 和 Unity 编辑器，具体操作界面如图 5-4 所示。

图 5-4　添加模块和安装编辑器

2. 在 Unity 中配置 VS 环境

安装完成后，会显示 Unity Hub 主界面。单击左边的"项目"按钮，再单击右上角"新项目"按钮开始创建新的 Unity 项目，单击最上方"编辑器版本"下拉菜单，从中选择需要使用的 Unity 编辑器版本。在新建项目界面，选择合适的项目模板，输入项目名称，并指定项目的保存位置，单击"创建项目"按钮，Unity 将开始加载并显示其主界面，具体操作如图 5-5 所示。

在项目工程中，选择 Edit→Preferences 命令弹出窗口，选择左侧的 External Tools 选项，在 External Script Editor 下拉列表中选择 Visual Studio Community 2022 Preview[17.10.34825]。这样，Unity 与 Visual Stadio Community 2022 就关联起来了，如图 5-6 所示。

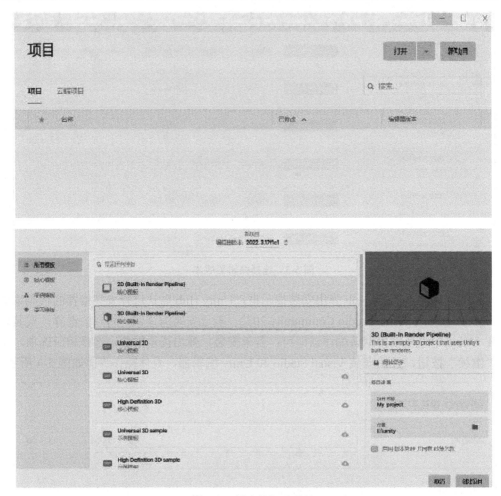

图 5-5 新建并打开项目

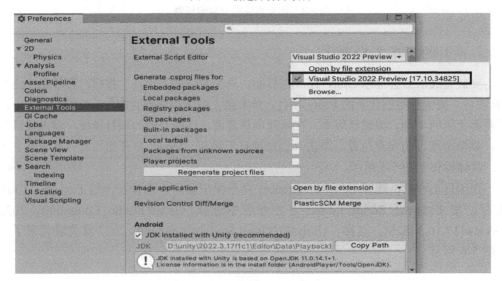

图 5-6 选择脚本编辑器

接着，在 Unity 主界面的底部会有一个名为 Project 的视图。在该视图的空白区域右击，选择 Create → C# Script 命令创建一个新的 C#脚本，双击该 C#脚本，即可打开 Visual Studio，具体操作如图 5-7 所示。

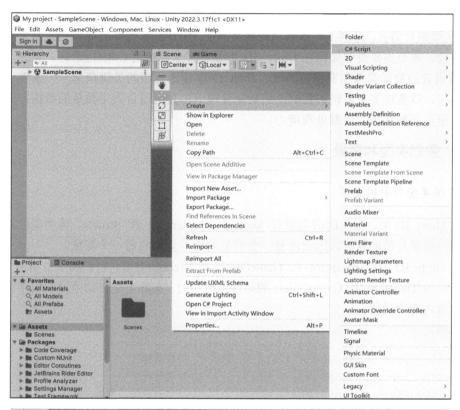

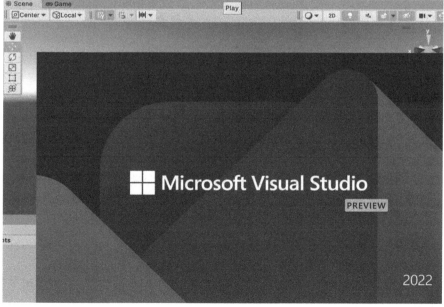

图 5-7　打开 Visual Studio

源代码下载

5.2　编程开发语言

在开发虚拟现实系统时,Unity 3D 和 C#编程语言发挥着至关重要的作用。C#是 Unity 3D 的主要编程语言,提供了丰富的功能和灵活性,使开发者能够高效地构建复杂的虚拟现实体验。本节主要讲解如何在 Unity 3D 中编写脚本及使用 C#编程语言。首先,学习 C#编程语言的数据类型和变量。其次,介绍 C#编程语言中的关键概念——条件语句和循环语句,以实现复杂逻辑的控制。在数据管理上,数组适合固定数量的数据,而集合提供了更灵活和高级的数据处理能力。

5.2.1　数据类型和变量

1. 值类型和引用类型

在 Unity 3D 中,常见的值类型有 Vector3、Quaternion 和 Structs。值类型的变量在赋值时,会进行值的复制,因此改变一个变量的值不会影响另一个变量。

在 Unity 3D 中,Transform 和 GameObject 是类(class)类型,它们属于引用类型。当开发者修改 Transform 或 GameObject 的属性或成员时,实际上是在修改这些引用类型所指向的堆内存中的值。

示例:

```
public float moveSpeed = 5.0f;              //移动速度
public float angleSpeed = 1.0f;             //旋转速度
private Rigidbody myRig;                     //自身控制的刚体
public GameObject shellObj;                  //子弹预制体
public Transform firePoint;                  //子弹实例化位置
private bool canShootOne = true;
private bool canShootTwo = true;
private float CountTimerOne;                 //一号玩家冷却计时器
private float CountTimerTwo;                 //二号玩家冷却计时器
```

1) 值类型变量

(1) float moveSpeed 和 float angleSpeed 是值类型变量,它们存储了坦克的移动速度和旋转速度。

(2) bool canShootOne 和 bool canShootTwo 是值类型变量,用于控制射击的冷却时间。

(3) float CountTimerOne 和 float CountTimerTwo 是值类型变量,用于存储冷却计时器的值。

2) 引用类型变量

(1) Rigidbody myRig 是引用类型变量,它引用了 Unity 中的刚体组件。

(2) GameObject shellObj 和 Transform firePoint 是引用类型变量,分别引用了子弹预制体和子弹实例化位置。

2. 常量和变量

在 Unity 的 C#编程语言脚本编写中，常量与变量是构成程序逻辑的基础。常量是不可变的值，而变量则用于存储可能改变的数据。

示例：

```
const int maxHealth = 100;        //最大生命值，固定不变
int playerHealth = 100;           //玩家的生命值，可以随时改变
```

5.2.2　条件语句和循环语句

1. 条件语句

1) if 语句

if 语句用于测试一个条件，如果条件为真，则执行相应的代码块。

if 语句的句法：

```
if (condition)
{
    //如果 condition 为真，则执行这里的代码
}
```

示例：

```
if (canShootOne)
    {
        CountTimerOne -= Time.deltaTime;
        if (CountTimerOne <= 0)
        {
            canShootOne = true;
            CountTimerOne = intevalShoot;
        }
    }

    if (Input.GetKeyDown(KeyCode.Space) && canShootOne)
    {
        //... 子弹发射逻辑 ...
        canShootOne = false;
    }
void OnCollisionEnter(Collision collision)
{
    foreach (GameObject gem in gemList.ToList())
    {
        if (gem == collision.gameObject)
        {
            gemList.Remove(gem);
```

```
            Destroy(gem);
        }
    }
}
```

在上述代码中：

(1) if (canShootOne) 是一个 if 条件语句，判断布尔值 canShootOne 是否为真。

(2) if (CountTimerOne <= 0)，用于检测冷却计时器是否小于等于 0。

(3) if (Input.GetKeyDown(KeyCode.Space) && canShootOne) 是一个 if 条件语句，用于检测键盘空格键是否按下，并且判断布尔值 canShootOne 是否为真。

(4) if (gem == collision.gameObject) 是一个 if 条件语句,用于检测碰撞的游戏对象是否是宝石。

2) if…else 语句

if…else 语句用于测试一个条件，如果条件为真，则执行 if 代码块；如果条件为假，则执行 else 代码块。

if…else 语句的句法：

```
if (condition)
{
    //当 condition 为真时执行的代码
}
else
{
    //当 condition 为假时执行的代码
}
```

示例：

```
if (Mathf.Abs(h) > 0.1f || Mathf.Abs(v) > 0.1f)    //判断坦克是否移动
{
    myAudio.clip = driveAux;                       //此时切换为移动音效
}
else
{
    myAudio.clip = idleAux;                        //此时切换为待机音效
}
```

在上述代码中，if…else 语句用于根据坦克的水平和垂直输入值来切换音效。当输入值的绝对值大于 0.1f 时，表示坦克正在移动，此时会切换到移动音效；当输入值小于或等于 0.1f 时，表示坦克处于静止状态，此时会切换到待机音效。这样的二元分支结构确保了坦克的音效与移动状态相匹配，从而提升了游戏的真实感和沉浸感。

3) switch 语句

switch 语句用于基于不同的情况执行不同的代码块。它需要一个整数、字符或字符串类型的表达式，并将其值与 case 标签进行比较。

switch 语句的句法:

```
switch (expression)
{
    case constant1:
        //当 expression 等于 constant1 时执行的代码
        break;
    case constant2:
        //当 expression 等于 constant2 时执行的代码
        break;
        //... 其他 case
    default:
        //当 expression 不匹配任何 case 时执行的代码
break;
}
```

示例:

```
switch (myType)
    {
        case PlayerType.PlayerOne:
            PlayerOneMove();
            break;
        case PlayerType.PlayerTwo:
            PlayerTwoMove();
            break;
    }
```

在上述代码中,根据玩家类型(PlayerType.PlayerOne 或 PlayerType.PlayerTwo)执行不同的移动函数(PlayerOneMove 或 PlayerTwoMove)。switch 语句在这里用于分支控制,根据枚举值选择不同的代码路径。

2. 循环语句

1) for 循环
for 循环用于在指定次数内重复执行代码块。
for 循环语句的语法:

```
for (initializer; condition; iterator)
{
    //循环体,每次循环都会执行的代码块
}
```

其中, initializer 是循环前的初始化语句(如 int i = 0;), condition 是每次循环前都要检查的布尔表达式(如 i < 10), iterator 是每次循环结束后执行的语句(如 i++)。

示例：

```
for (int i = 0; i < gemCount; i++)    //for 循环
    {
     GameObject gem = Instantiate(gemPrefab, new Vector3(Random.Range(-10, 10),
                0, Random.Range(-10, 10)), Quaternion.identity);
     gemList.Add(gem);
    }
```

上述代码中，for (int i = 0; i < gemCount; i++) 是一个 for 循环，用于重复生成宝石对象并将其添加到集合中。

2) foreach 循环

foreach 循环用于遍历集合(如数组、列表等)中的每个元素。

foreach 循环语句的语法：

```
foreach (type element in collection)
{
    //遍历 collection 中的每个元素，并对每个元素执行循环体中的代码块
}
```

其中，type 是集合中元素的类型，element 是当前遍历到的元素，collection 是要遍历的集合(如数组、列表等)。

示例：

```
foreach (GameObject gem in gemList.ToList())
    {
        if (gem == collision.gameObject)
        {
            gemList.Remove(gem);
            Destroy(gem);
        }
    }
```

上述代码中，foreach (GameObject gem in gemList.ToList()) 是一个 foreach 循环，用于遍历集合中的每个元素。

5.2.3　数组和集合

C#编程语言中的数组和集合是用来存储和操作数据的核心结构。数组是一种固定大小的数据结构，适合存储同类型元素，其长度在创建后不可变。数组通过索引来访问元素，索引从 0 开始。

相比之下，集合(尤其是集合框架中的类，如 List、Dictionary、HashSet 等)提供了更灵活的数据管理方式。它们能够动态调整大小，支持不同类型的操作，并通过泛型保证类型安全。集合不仅包含基本的增、删、查、改功能，还提供了排序、搜索等多种高级操作，适用于更复杂的数据处理场景。

示例：

```
public int[] scores = new int[10];                              // 数组
private List<GameObject> gemList = new List<GameObject>();  // 集合
```

在上述代码中，

(1) int[] scores 是一个数组，用于存储整型数据。

(2) List<GameObject> gemList 是一个 List 集合，用于存储 GameObject 类型的元素。

5.3　三维交互场景

Unity 3D 游戏引擎在虚拟现实开发中十分重要，其地形系统可模拟复杂自然地貌，灯光系统营造逼真光照效果，特效系统增强沉浸感。这些功能协同工作，为开发者提供了强大的工具，使他们能够打造出令人难以置信的沉浸式虚拟现实体验，无论是壮丽的自然环境、逼真的光影变化，还是引人入胜的特效，Unity 都能助力开发者实现高质量的虚拟现实系统。

5.3.1　Unity 3D 地形创建

1. 地形系统

Unity 3D 的地形系统是一个集成化的工具集合，允许开发者在 3D 游戏场景中创建和编辑复杂多变的地形。通过 Unity 的地形编辑器，开发者可以轻松调整地形的高度、形状，并绘制多种纹理以模拟不同的自然环境。此外，地形系统还支持添加树木、草等装饰物，增强地形的细节和真实感。Unity 的地形系统与物理引擎紧密集成，使开发者能够模拟刚体和碰撞体与地形的交互，从而打造出具有真实物理效果的场景。总的来说，Unity 的地形系统为开发者提供了一个高效且灵活的平台，用于高效构建复杂的 3D 游戏世界。

2. 地形属性

为了集成所需的环境资源，首先需要在 Unity 编辑器中执行以下步骤：在顶部菜单栏选择 Assets→Import Package→Custom Package 选项。在弹出的对话框中，选择 Environment.unitypackage 文件进行导入。

首先，从顶部菜单栏中选择 Game Object→3D Object→Terrain 选项。Unity 将创建一个新的地形。这个新创建的地形会在项目的 Assets 文件夹内自动生成一个对应的地形资源文件，在 Hierarchy 视图中生成一个地形实例，如图 5-8 所示。

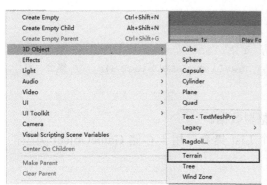
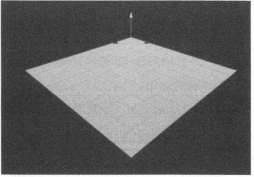

图 5-8　新建地形

选择地形后，在 Inspector 视图中查看地形的属性。具体地形属性如表 5-1 所示。

表 5-1　地形属性说明

地形属性	功能
	地形编辑，主要操作包括添加地形、调整地形的高度、应用纹理以及增加地形的平滑度等
	绘制树木纹理，简单地拖动鼠标即可创建树木
	绘制花草植物，通过鼠标拖动来实现
	设置地形，允许用户定义地形的长度、宽度和高度

地形编辑面板主要有以下功能，如图 5-9 所示。具体地形编辑面板属性如表 5-2 所示。

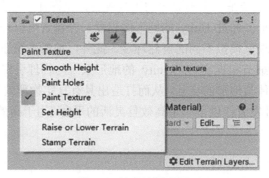

图 5-9　地形编辑面板

表 5-2　地形编辑面板属性说明

地形编辑面板属性	功能
Smooth Height	通过平滑处理，山峰的轮廓更加柔和
Paint Holes	可隐藏地形的某些部分，用于在地形中绘制地层的开口
Paint Texture	为地形涂上纹理，这一步骤需要先加载所需的环境素材
Set Height	统一地形的高度值，以确保山峰高度的一致性
Raise or Lower Terrain	根据需要提升或降低地形的高度，用于山峰的构建或降低
Stamp Terrain	创建特定形状的地形，如五角星、圆形等，增加地形的多样性

3. 编辑地形

(1) 选好地形后，在 Terrain 的 Inspector 视图中，选择"设置地形"按钮，将 Mesh Resolution 的长、宽分别设置成 200，高度设置成 60，如图 5-10 所示。

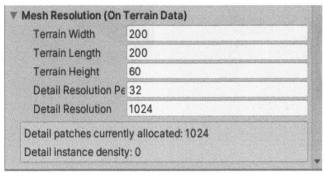

图 5-10　地形属性编辑

(2) 绘制地形的山脉：在 Terrain 的 Inspector 视图中，单击"地形编辑"按钮，然后选择 Raise or Lower Terrain 选项。在 Brushes 菜单中挑选笔刷样式，并调整 Brush Size 的数值。在 Scene 视图中，通过单击或拖动鼠标来绘制山脉的轮廓和特征，效果如图 5-11 所示。

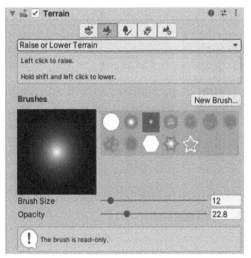
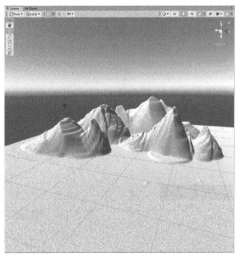

图 5-11　创建山脉

(3) 山脉绘制完成后，需设置平滑高度。在 Terrain 的 Inspector 视图中，单击"地形编辑"按钮后，选择 Smooth Height 选项。接着在 Brushes 选项中选择一个合适的笔刷，并设定好笔刷大小。然后在 Scene 视图里，拖动鼠标来平滑地形，减少高度变化，从而让地形变得更加细腻，如图 5-12 所示。

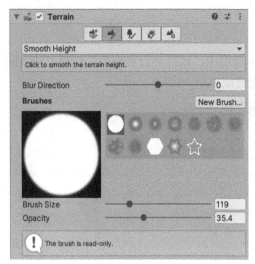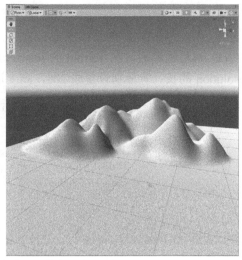

图 5-12　设置平滑高度

(4) 完成以上内容后，需绘制地形纹理。在 Terrain 的 Inspector 视图中进行地形纹理绘制。首先，单击"编辑地形"按钮，选择 Paint Texture 功能。接着，单击 Edit Terrain Layers 按钮，并选择 Create Layer 功能。在随后出现的 Select Texture2D 对话框中，选择合适的贴图作为地形纹理，然后在地形上绘制该纹理，效果如图 5-13 所示。

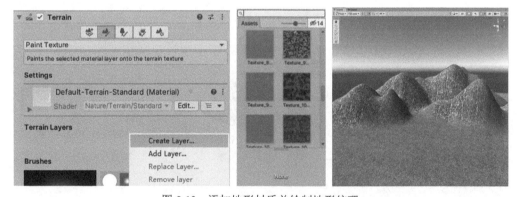

图 5-13　添加地形材质并绘制地形纹理

4. 添加树木和植被

选择地形之后，转到 Inspector 视图中并单击 Paint Trees 按钮，接着单击 Edit Trees 按钮，选择 Add Tree 选项。在随后弹出的 Select Game Object 对话框中，选择所需的树木，如图 5-14 所示。完成这些步骤后，在 Add Tree 对话框中单击 Add 按钮，所选择的树木就会添加到 Inspector 视图中。

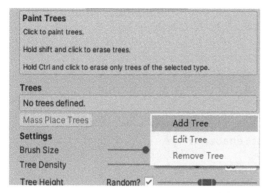 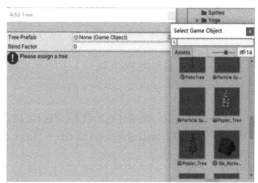

图 5-14　添加植物

完成以上操作后，在 Inspector 视图中确保 Trees 中的树木被选中，调整 Brush Size 为 1，并设定 Tree Height 为适宜的高度。在 Scene 视图中单击，就能够种下树木，如图 5-15 所示。根据以上操作，可继续添加其他内容。

图 5-15　绘制植物

5.3.2　Unity 3D 灯光系统

1. 灯光系统

Unity 的灯光系统是一个功能强大的工具集，它允许开发者在游戏中创建和编辑各种不同类型的灯光，以模拟真实或幻想的光照环境。该系统支持多种灯光类型，包括点光源、聚光灯、区域光和平行光等，每种灯光都有其独特的光照效果和特性。通过调整灯光的颜色、强度、阴影类型等属性，开发者可以精确地控制场景中的光照效果，营造出所需的氛围和视觉效果。Unity 的灯光系统还支持实时渲染和烘焙光照信息，以优化性能和实现更高级的光照效果。总之，Unity 的灯光系统是开发者创建高质量游戏场景不可或缺的工具。

2. 制作日夜切换效果

制作日夜切换效果的步骤如下。

(1) 创建文件夹命名为 Scripts，在新建的文件夹中创建脚本命名为 Light。将场景中的平行光重命名为 MyLight。打开脚本 Light，输入以下代码并保存。

```
using UnityEngine;
public class light : MonoBehaviour
{
    private Light MyLight;
    void Start()
    {
        //获取灯光组件
        MyLight = GetComponent<Light>();
```

```
    }
    void Update()
    {
        //检测按下"L"键
        if (Input.GetKeyDown(KeyCode.L))
        {
            //切换灯光的状态(开启/关闭)
            MyLight.enabled = !MyLight.enabled;
        }
    }
}
```

(2) 单击场景中的平行光 MyLight,在右侧的 Inspector 面板中单击 Add Component 按钮,并选择 Scripts 选项。将编辑好的脚本挂载到灯光上,如图 5-16 所示。

图 5-16　挂载脚本

(3) 完成以上操作后单击"运行"按钮,按键盘上的 L 键即可实现切换日夜效果,如图 5-17 所示。

图 5-17　日夜切换效果展示

5.3.3　Unity 3D 特效系统

1. 特效系统

Unity 的特效系统是一套全面而强大的工具集,专门用于创建和增强游戏中的视觉效果。该系统核心包括粒子系统，它能够生成和发射大量粒子，并通过控制其属性(如大小、速度、颜色和角度等)来模拟火焰、雨、雪、爆炸等自然现象和幻想效果。此外，特效系统还支持拖尾效果，用于表现物体运动后在空间中留下的轨迹或视觉残留。美术设计师经常结合动画系统和粒子系统来制作特效，利用动画的帧编辑能力调整动态节奏，使特效更加生动和逼真。Unity 的特效系统为开发者提供了丰富的资源和灵活性，使他们能够创造出令人惊叹的视觉效果，增强游戏体验。

2. 创建粒子特效

在窗口栏中选择 GameObject→Effects→Particle System 选项，即可创建出一个粒子特效，如图 5-18 所示。

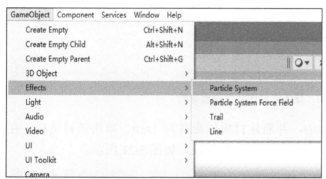
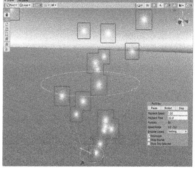

图 5-18　创建粒子特效

粒子系统控制面板默认有以下主要模块：Particle System(主模块)、Emission(发射模块)、Shape(形状模块)、Renderer(渲染器模块)，如图 5-19 所示。

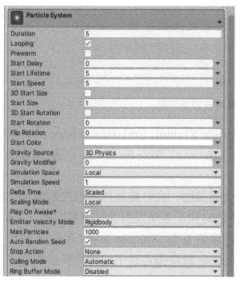
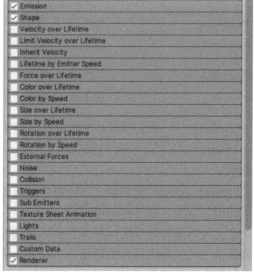

图 5-19　粒子系统控制面板

3. 制作坦克尘土效果

制作坦克尘土效果的步骤如下。

（1）新建文件夹命名为 Sprites，并导入名为 Smoke 的图片。然后单击该图片，在 Inspector 视图中调整参数，如图 5-20 所示。

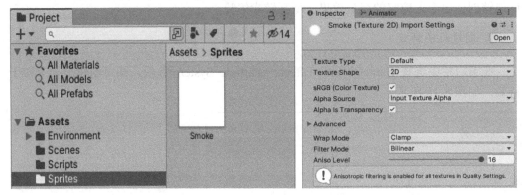

图 5-20　导入素材图片并调整参数

（2）新建文件夹命名为 Materials，并新建材质球命名为 Dust，单击该材质球，在 Inspector 视图中单击 Albedo 单选按钮，选择图片 Smoke，如图 5-21 所示。

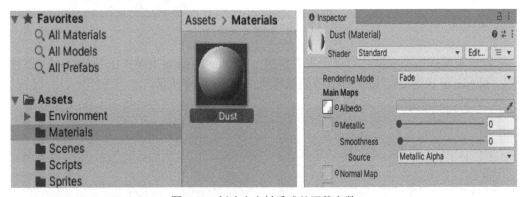

图 5-21　创建尘土材质球并调整参数

（3）创建一个粒子特效，并分别更改其 Particle System、Emission、Shape、Velocity over Lifetime、Color over Lifetime、Size over Lifetime、Size by Speed 以及 Renderer 的数值。

Particle System 模块包含影响整个系统的全局属性。大多数属性用于控制新创建的粒子的初始状态。而 Emission 模块中的属性会影响粒子系统发射的速率和时间。Shape 模块定义可以发射粒子的体积或表面以及起始速度的方向。Velocity over Lifetime 模块可控制粒子在其生命周期内的速度。Color over Lifetime 模块指定粒子的颜色和透明度在其生命周期中如何变化，具体参数如图 5-22 所示。

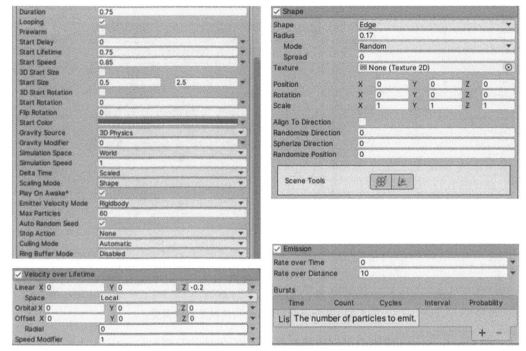

图 5-22　Particle System、Emission、Shape 与 Velocity over Lifetime 模块属性参数调整

Color over Lifetime 模块指定粒子的颜色和透明度在其生命周期中如何变化，具体参数如图 5-23 所示。

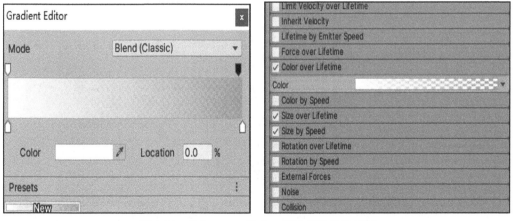

图 5-23　Color over Lifetime 模块属性参数调整

此外，许多效果涉及根据曲线改变粒子大小，这些设置可在 Size over Lifetime 模块中进行。当在此模块中选中曲线后单击 Open Editor 按钮，即可打开编辑面板，具体参数如图 5-24 所示。

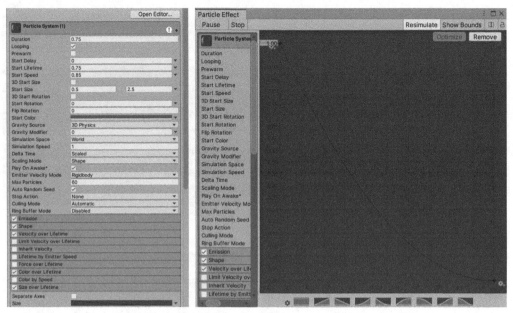

图 5-24　Size over Lifetime 模块属性参数调整

在 Size by Speed 模块中可创建能够根据速度(每秒的距离单位)改变大小的粒子。当在此模块中选择曲线后单击 Open Editor 按钮，即可打开编辑面板，具体参数如图 5-25 所示。

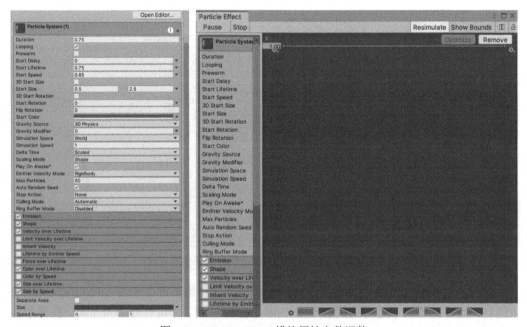

图 5-25　Size by Speed 模块属性参数调整

Renderer 模块的设置决定了粒子的图像或网格如何被其他粒子变换、着色和过度绘制。在其 Material 属性中需选择在上述步骤中制作的材质 Dust，具体参数如图 5-26 所示。

完成以上操作后，在 Scenes 视图中创建一个 Cube，并使上述制作的粒子特效成为
Cube 的子物体，如图 5-27 所示。

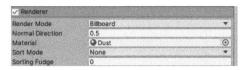

图 5-26　Renderer 模块属性参数调整

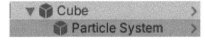

图 5-27　设置子物体

(4) 创建脚本命名为 MoveCam，并在脚本中输入以下代码。

```
using System.Collections;
using System.Collections.Generic;
using UnityEngine;

public class MoveCam : MonoBehaviour
{
    private Vector3 m_camRot;
    private Transform m_camTransform; //摄像机 Transform
    private Transform m_transform;      //摄像机父物体 Transform
    public float m_movSpeed = 10;       //移动系数
    public float m_rotateSpeed = 1;     //旋转系数
    private void Start()
    {
        m_camTransform = Camera.main.transform;
        m_transform = GetComponent<Transform>();
    }
    private void Update()
    {
        Control();
    }
    void Control()
    {
        if (Input.GetMouseButton(0))
        {
            //获取鼠标移动距离
            float rh = Input.GetAxis("Mouse X");
            float rv = Input.GetAxis("Mouse Y");
            //旋转摄像机
            m_camRot.x -= rv * m_rotateSpeed;
            m_camRot.y += rh * m_rotateSpeed;
        }
        m_camTransform.eulerAngles = m_camRot;
        //使主角的面向方向与摄像机一致
        Vector3 camrot = m_camTransform.eulerAngles;
        camrot.x = 0; camrot.z = 0;
        m_transform.eulerAngles = camrot;
```

```
//定义 3 个值控制移动
float xm = 0, ym = 0, zm = 0;
//按键盘 W 向上移动
if (Input.GetKey(KeyCode.W))
{
    zm += m_movSpeed * Time.deltaTime;
}
else if (Input.GetKey(KeyCode.S))    //按键盘 S 向下移动
{
    zm -= m_movSpeed * Time.deltaTime;
}
if (Input.GetKey(KeyCode.A))              //按键盘 A 向左移动
{
    xm -= m_movSpeed * Time.deltaTime;
}
else if (Input.GetKey(KeyCode.D))    //按键盘 D 向右移动
{
    xm += m_movSpeed * Time.deltaTime;
}
if (Input.GetKey(KeyCode.Space) && m_transform.position.y <= 3)
{
    ym += m_movSpeed * Time.deltaTime;
}
if (Input.GetKey(KeyCode.F) && m_transform.position.y >= 1)
{
    ym -= m_movSpeed * Time.deltaTime;
}
m_transform.Translate(new Vector3(xm, ym, zm), Space.Self);
    }
}
```

(5) 将此脚本挂载到 Cube，使其能够使用 W、A、S、D 键来进行移动。完成代码挂载后，单击"运行"按钮，并按 W、A、S、D 键控制 Cube 移动，即可呈现出尘土效果，如图 5-28 所示。

图 5-28　坦克尘土特效展示

5.4　二维交互界面

Unity 的图形用户界面(unity graphical user interface，UGUI)在开发虚拟现实系统中的作用至关重要。它为开发者提供了丰富的 UI 组件和交互机制，使虚拟现实应用界面直观且易于操作。UGUI 的灵活性允许开发者根据需求定制 UI 元素，并将其自然融入虚拟环境中，增强用户的沉浸感。同时，UGUI 与 Unity 游戏引擎的紧密集成，确保了 UI 与虚拟现实内容的顺畅交互，为用户带来更为丰富的虚拟体验。在多人在线或实时协作的虚拟现实应用中，UGUI 同样能够发挥关键作用，支持用户间的即时交互。

5.4.1　UGUI——Canvas(画布)

1. Canvas 组件的介绍

Canvas 是 UI 元素的容器，管理所有 UI 组件。新建 UI 物体时，系统通常自动为其分配 Canvas，所有 UI 元素(如按钮、文本框等)必须是 Canvas 的子物体。同时，自动创建的还有 EventSystem，负责处理输入事件，如键盘、触摸屏、鼠标等输入信号。

2. Canvas 组件的使用

创建项目 Tank 并导入提供的 UI 资源文件夹，保存当前场景，重命名为 Login。在 Hierarchy 视图中右击，选择 UI→Canvas 选项，新建一个 Canvas，系统同时自动创建一个 EventSystem。

如图 5-29 所示，在 Hierarchy 视图中单击 Canvas，然后在 Inspector 视图中调整其属性：设置 UI Scale Mode 为 Scale With Screen Size，使得系统能根据屏幕尺寸变化，自动按当前分辨率与默认分辨率比例调整 UI 元素大小和布局；设置 Screen Match Mode 为 Match Width Or Height 并调至中间位置，以比例 0.5 混合宽高布局；最后按 Ctrl+S 键保存场景。

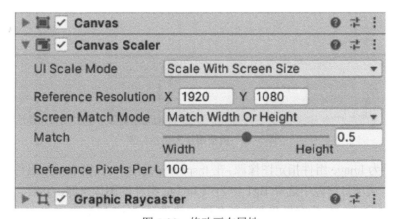

图 5-29　修改画布属性

5.4.2　UGUI——Image(图像)

1. Image 组件的介绍

Image 组件是 UGUI 中的一个重要组件,主要用于在 Unity 的 UI 上显示 2D 图像。

2. Image 组件的使用

1) 制作登录界面背景图

(1) 打开已经创建好的项目 Tank,在 Hierarchy 视图中,通过右击 Canvas 并选择 UI→Image 选项,新建一个 Image 组件,并命名为 Background。选择 Background,在 Inspector 视图中通过 Rect Transform 属性精确调整其大小和位置。如图 5-30 所示,单击 Anchor Presets (锚点预设)按钮,接着按 Alt 键并选择右下角锚点预设,使 Background 与 Canvas 尺寸相同且中心对齐,作为登录界面背景图。

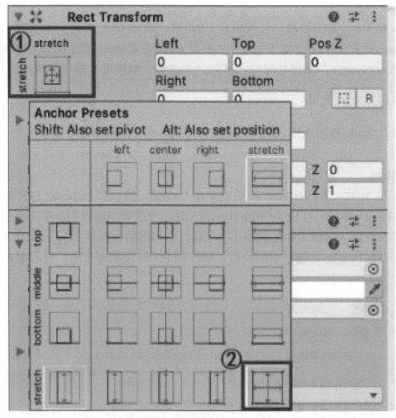

图 5-30　调整图片大小及位置

(2) 需要为 Image 组件指定图像源。在 Inspector 视图中,找到 Image 组件下的 Source Image 属性,从项目资源中选择 Bg1 作为该 Image 组件的图像来源。这样,Background 就会显示 Bg1 图像,作为登录界面的背景图,效果如图 5-31 所示。

2) 制作标题背景图

新建一个 Image 组件，命名为 Title，选择 Title 为其图像源并单击 Set Native Size 按钮使 Title 与所选择的图片大小保持一致；接着在 Scene 视图中调整其位置，使其位于右上方，如图 5-32 所示；最后按 Ctrl+S 键保存当前场景。

图 5-31　背景效果图　　　　　　　　图 5-32　制作标题的背景图

5.4.3　UGUI——Text(文本)

1. Text 组件的介绍

Text 组件专门用于在游戏或应用程序的用户界面上显示文本信息。

2. Text 组件的使用

制作标题的步骤如下。

(1) 继续打开之前创建的 Tank 项目，在 Hierarchy 视图中，通过右击 Title 按钮并选择 UI→Legacy→Text 选项，在 Title 下新建一个 Text 组件，并命名为 Title Text。在 Scene 视图中调整其大小和位置与 Title 一致。

(2) 在 Inspector 视图中修改 Title Text 的 Text 内容为 Tank，Font Style(文本样式)为 Bold，Font Size(文本字号)为 70，Alignment(文本的对齐方式)的两个选项都选择"居中"，修改好 Title Text 的属性后其效果如图 5-33 所示。

(3) 按 Ctrl+S 键保存当前场景。

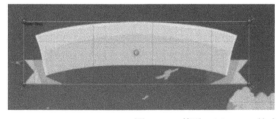 

图 5-33　修改 Title Text 的大小及位置与最终效果

5.4.4　UGUI——InputField(输入框)

1. InputField 组件的介绍

InputField 组件用于管理文本输入，收集如账号、密码或聊天消息等用户文本信息，并支持自定义文本输入逻辑。

2. InputField 组件的使用

制作用户账号、密码输入框的步骤如下。

(1) 在 Hierarchy 视图中，右击 Canvas 并选择 UI→Legacy→InputField 选项，新建一个 InputField 组件，并命名为 UsernameInput，在 Scene 视图中将其大小和位置调至合适，在 Inspector 视图中修改其 Character Limit 属性为 10。接着在 Hierarchy 视图中选择 UsernameInput，找到并选择它的子对象 Placeholder，在 Inspector 视图中，将 Placeholder 的 Text 内容修改为"请输入用户账号"，Font Style 修改为"Bold"，Alignment 选择"左对齐"和"居中"。

(2) 选择 UsernameInput，按 Ctrl+D 键复制 UsernameInput，并将其重命名为 PasswordInput；在 Inspector 视图中修改其 Character Limit 属性为 10，Content Type 为 Password；在 Hierarchy 视图中选中 PasswordInput，找到它的子对象 Placeholder，选择该对象，修改其 Text 内容为"请输入用户密码"。接着在 Scene 视图中调整其至合适的位置，整体效果如图 5-34 所示。

图 5-34　制作用户账号、密码输入框

5.4.5　UGUI——Button(按钮)

1. Button 组件的介绍

Button 组件作为 UGUI 系统中的核心交互式组件，其核心功能是响应用户的单击操作。

2. Button 组件的使用

1) 制作"登录""退出"按钮

(1) 打开已经创建好的项目 Tank，在 Hierarchy 视图中，通过右击 Canvas 并选择 UI→Legacy→Button 选项，新建一个 Button 组件，并命名为 Login。如图 5-35 所示，可以看到 Button 组件包含 Image 和 Button 子组件：Image 子组件负责视觉效果，Button 子组件处理单击事件实现交互。

图 5-35　Button 组件的属性

（2）修改 Image 子组件的图像源为 Button，单击 Set Native Size 按钮使 Login 与所选择的图片大小保持一致；在 Hierarchy 视图中，打开 Login，发现它自带一个 Text(Legacy)子对象，选择该对象修改其 Text 内容为"登录"，Font Style 为 Bold，Font Size 为 60，Alignment 的两个选项都选择"居中"；在 Scene 视图中调整 Login 的位置至密码输入框下方。

（3）在 Hierarchy 视图中，选择 Login，按 Ctrl+D 键复制 Login，并将其重命名为 Close；选择 Close 下的 Text(Legacy)对象，在 Inspector 视图中修改其 Text 内容为"退出"；在 Scene 视图中调整其位置至登录按钮右侧。新建一个 Text 组件放置于密码输入框下方，并清空 Text 内容，用于显示提示信息。整个界面布局如图 5-36 所示。

图 5-36　"登录""退出"按钮的布局

2）制作"登录"按钮的脚本

（1）鉴于单击"登录"按钮时，需要实现游戏场景的切换，接下来创建一个新的场景，并将其命名为 Main，作为登录后加载的游戏菜单场景。

（2）回到 Login 场景，在 Project 视图中右击 Assets 并新建一个名为 Scripts 的文件夹，打开该文件夹，右击并选择 Creat→C# Script 命令，新建一个名为 Login 的脚本，脚本代码如下：

```
using UnityEngine;
using UnityEngine.SceneManagement;
using UnityEngine.UI;
```

```
public class Login : MonoBehaviour
{
    public InputField Username;
    public InputField Password;
    public Text Tip;
    public void OnLoginClicked()
    {
        if (Username.text == "123" && Password.text == "123")
        {
            SceneManager.LoadScene("Main");//Main 为我们要切换到的场景
        }
        else
        {
            Tip.text = "用户账号或密码错误";
        }
    }
}
```

(3) 将 Login 脚本绑定到相机对象上，并给脚本绑定要作用的对象，如图 5-37 所示。

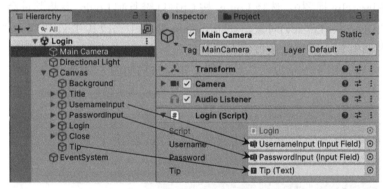

图 5-37　绑定脚本要作用的对象

(4) 如图 5-38 所示，添加 Login 按钮的单击事件。

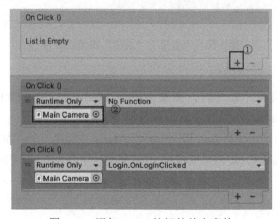

图 5-38　添加 Login 按钮的单击事件

3) 制作"退出"按钮的脚本

(1) 新建一个名为 Close 的脚本,脚本代码如下:

```
using UnityEngine;
public class Close: MonoBehaviour
{
    public void Quit()
    {
#if UNITY_EDITOR
        UnityEditor.EditorApplication.isPlaying = false;
#else
        Application.Quit();
#endif
    }
}
```

(2) 将 Close 脚本绑定到相机对象上,并给"退出"按钮添加单击事件;按 Ctrl+S 键保存场景。完成所有操作后,运行项目。如图 5-39 所示,输入账号、密码后,单击"登录"按钮,密码正确将跳转至新的场景中,密码错误则显示提示文字;单击"退出"按钮将结束运行。

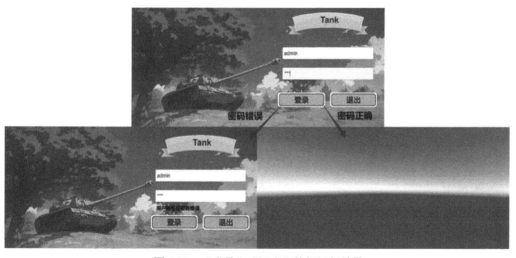

图 5-39　"登录""退出"按钮运行效果

5.5　案　例　开　发

在 Unity 的学习旅程中,开发一个完整项目不仅是检验学习成果的关键,更是深化理解、提升技能的重要途径。在实际的开发过程中,结合 Unity 丰富的第三方资源来实现各种高级功能,为项目增添更多可能性。通过实际项目的操作,使学习者能够全面理解从资源导入、场景构建、交互设计到最终的打包发布这一完整流程。此前学习的基础知识和技巧，将在实际的项目制作中得以综合运用。

5.5.1　案例资源导入与制作

1. 导入第三方资源

在 Unity 开发中，会接触到第三方资源，插件是常用的第三方资源。这些插件通常由 Unity 开发者社区的成员或其他第三方公司开发，以提供 Unity 本身可能不具备的特定功能或优化。这些插件可以通过 Unity 的 Asset Store 或其他在线平台获取。

使用插件有多种优点。其一，插件可以提高开发效率，因为它们允许开发者快速实现复杂的功能，而无须从头开始编写代码；其二，一些专门的插件可以优化游戏性能，如改进渲染效果等；其三，因为许多插件都来自于开发者社区，当人们在开发过程中遭遇一些难以解决的问题时，可以与社区中的开发者讨论来获取技术方面的支持。因此，使用插件可以极大地提高 Unity 开发的效率和质量。

在本项目的开发中，将使用 DOTween 插件，DOTween 插件是一个非常流行的 Unity 动画插件，为开发者提供了一种简单而灵活的方式来创建各种类型的动画。除了前面谈及的插件之外，Unity 的第三方资源还包括各种模型、音频、脚本等。在本项目的开发中，还将要用到场景模型资源，这些资源可以直接导入到项目中使用，如图 5-40 所示。

DOTween Pro
DOTween Pro.png
DOTween Pro.unitypackage
CUBE - Wasteland [1.1].png
CUBE - Wasteland [1.1].unitypackage

图 5-40　预使用的插件及场景资源

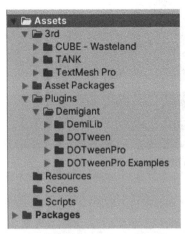

图 5-41　完成资源导入后的目录结构

当第三方资源导入完成后，应当对资源目录进行整理，使其更加直观整洁，导入后的目录结构如图 5-41 所示。

2. 制作场景

在场景资源导入之后，在资源包中找到 Prefabs 文件夹，其中包含构成场景的各种预制体，可以理解为场景中的各个组成部分，开发者可以根据自己的需求，将需要的模型直接拖入场景中对场景进行搭建。如果对搭建的场景不满意，或是视觉方面不太协调，也可以在资源包的 Scenes 文件夹中找到预先搭建好的场景，之后根据开发的实际需要，对场景中的多余元素做删除处理。删除场景中的多余元素，既有助于场景的美观，也是对开发资源的节约，便于之后的维护。

在场景搭建完成之后，将坦克模型拖入场景中的合适位置，为了提高场景色彩和坦克色彩的对比，需要对灯光参数做一定的调整，在 Hierarchy 视图中选择 Directional Light

对象，然后在 Inspector 视图中找到 Light 组件，如图 5-42 所示。

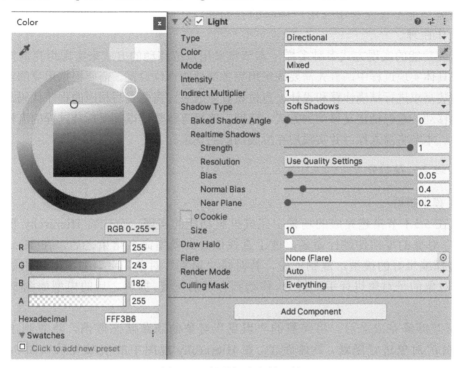

图 5-42　场景灯光参数调整

至此，场景搭建完成，完成之后的场景如图 5-43 所示。

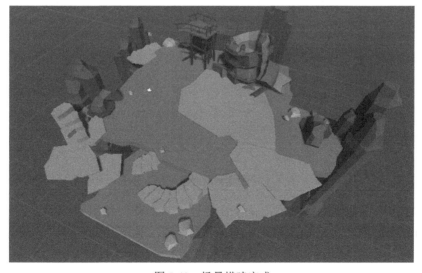

图 5-43　场景搭建完成

5.5.2　坦克拆装功能开发

在 5.5.1 节中，详细阐述了如何构建一个包含坦克的虚拟仿真场景。场景搭建完成后，紧接着需要实现坦克的拆装功能，这一功能在虚拟仿真项目的开发中至关重要。拆装功能不仅能够增强用户体验的互动性，还能帮助用户更好地理解坦克的构造和工作原理。

拆装功能的实现方式多种多样，本节将采用点位移动的方式来实现坦克的拆装功能。在具体实现过程中，首先需要确定坦克各部件的点位设置。需要根据坦克的实际构造和拆装需求进行精确计算和设计。点位设置完成后，需要编写相应的程序代码来控制点位的移动。这包括定义移动的方式、速度、路径等参数，以确保拆装过程的流畅性和准确性。本节将深入探讨并实践坦克拆装功能的实现。

1. 坦克一键拆分

1）模型拆解

就在 5.5.1 节搭建完成的场景中完成拆装功能的实现。首先将 Hierarchy 视图中"坦克"对象的零部件进行命名，便于查找位置。模型命名结束之后，在 Hierarchy 视图选择编辑好的模型，复制一份，暂时将"坦克"对象隐藏，对复制出来的"坦克(1)"对象的子对象进行手动拆分，移动到合理的位置，拆解之后的模型如图 5-44(a) 所示。

模型拆解完成之后，将完整的"坦克"对象的隐藏状态取消，将复制出来的"坦克(1)"对象进行隐藏，具体而言，在 Hierarchy 视图中的层级关系如图 5-44(b) 所示。

(a) 模型拆解   (b) 零部件命名

图 5-44 模型拆解及零部件命名

2）零部件拆分脚本编写

在 Project 视图的 Scripts 文件夹中右击空白区域，选择 Create → C# Script 选项新建一个脚本，命名为"坦克拆分"，双击并编辑脚本，参考代码如下：

```csharp
using System.Collections;
using System.Collections.Generic;
using UnityEngine;
using DG.Tweening;
```

```
public class 坦克拆分 : MonoBehaviour
{
    public GameObject[] tank;
    private Vector3[] tankold;
    public GameObject[] tanknew;
    private Vector3[] tanknewPositions;

void Start()
    {
        tankold = new Vector3[tank.Length];
        tanknewPositions = new Vector3[tanknew.Length];
        for (int i = 0; i < tank.Length; i++)
        {
            tankold[i] = tank[i].transform.position;
            tanknewPositions[i] = tanknew[i].transform.position;
        }
    }

void Update()
    {
        if (Input.GetKeyDown(KeyCode.W))
        {
            MoveObjects(tanknewPositions);
        }
        if (Input.GetKeyDown(KeyCode.S))
        {
            MoveObjects(tankold);
        }
    }

    private void MoveObjects(Vector3[] targetPositions)
    {
        for (int i = 0; i < tank.Length; i++)
        {
            tank[i].transform.DOMove(targetPositions[i], 3, false);
        }
    }
}
```

代码编辑完毕之后，将坦克拆分脚本挂载在"坦克"对象上，然后将"坦克"对象
下面的子对象拖入该脚本的 Tank 数组，将"坦克(1)"对象下面的子对象拖入该脚本的
Tanknew 数组，如图 5-45 所示。

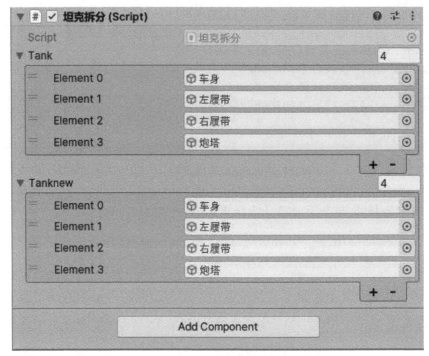

图 5-45 将坦克部件拖入数组

运行程序，分别按 W 键、S 键，就可以拆分和合并模型了，通过运行的动画状态，可以观察到，拆分和合并模型的过程非常平滑，这是因为使用了之前导入的 DOTween 动画插件。

2. 坦克自由拆分

前面通过固定按键实现了坦克一键拆分与合并，但是在许多现实应用场景中往往需要使用者可以自由地移动物体，为了实现这一需求，在坦克一键拆分功能的基础上开发坦克的自由拆分功能。

在 Project 视图的 Scripts 文件夹中右击空白区域，选择 Create → C# Script 选项新建一个脚本，命名为"自由拆分"，双击并编辑脚本，参考代码如下：

```
using System.Collections;
using System.Collections.Generic;
using System.Linq.Expressions;
using Unity.VisualScripting;
using UnityEngine;

public class 自由拆分 : MonoBehaviour
{
    private Ray ray;
    private RaycastHit hit;
    private bool isElementSelected = false;
```

```
    private bool isDragging = false;
    private GameObject selectedElement;

    void Update()
    {
        HandleMouseClick();
        if (isDragging && isElementSelected)
        {
            MoveSelectedElement();
        }
    }

    private void HandleMouseClick()
    {
        if (Input.GetMouseButtonDown(0))
        {
            ray = Camera.main.ScreenPointToRay(Input.mousePosition);
            if (Physics.Raycast(ray, out hit) && hit.collider != null &&
                hit.collider.tag == "element")
            {
                isElementSelected = true;
                selectedElement = hit.collider.gameObject;
                isDragging = !isDragging;
            }
        }
    }

    private void MoveSelectedElement()
    {
        Vector3 targetScreenPos=Camera.main.WorldToScreenPoint
            (selectedElement.transform.position);
        Vector3 mousePos=new Vector3(Input.mousePosition.x, Input.mousePosition.y,
            targetScreenPos.z);
        selectedElement.transform.position = Camera.main.
            ScreenToWorldPoint(mousePos);
    }
}
```

　　代码调试运行无误后，将自由拆分脚本分别挂载在坦克的子物体，即零部件上，运行程序。当单击其中任意的坦克零部件时，这个零部件将会被鼠标抓取到，从而跟随鼠标进行移动。当将鼠标移动到任意位置之后，再次单击，可以释放刚才抓取的坦克零部件，且抓取过的坦克零部件支持多次抓取与释放。当将坦克的零部件任意拖放之后，也可以利用上一个脚本中的功能，即运行程序，按 S 键，可以合并模型，即这三个功能实现了逻辑上的自洽。

5.5.3　视角转换功能开发

在许多游戏中，玩家需要从不同的视角来观察游戏世界。例如，在第三人称射击游戏中，玩家可能需要在角色后面和头顶之间切换视角。使用键盘切换摄像机功能可以轻松实现此功能。从交互体验的角度来看，用户可能需要从不同的角度查看对象或场景。例如，在虚拟博物馆中，用户可能需要从不同的角度查看文物，使用键盘切换摄像机功能可以轻松实现此功能。这一功能往往能大大提高游戏的沉浸感，增强交互性。

1. 摄像机设置

在功能开发之前，需要对摄像机进行一些简单的设置。需要在 Hierarchy 视图中新建三台摄像机，分别调整位置与参数，作为场景的主视图、左视图与俯视图，具体摄像机参数如图 5-46 所示。

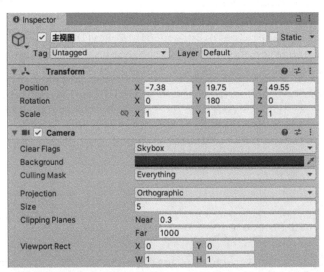

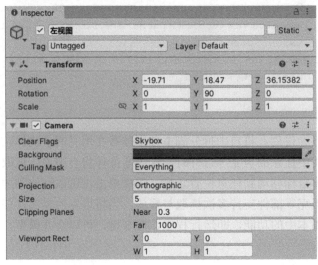

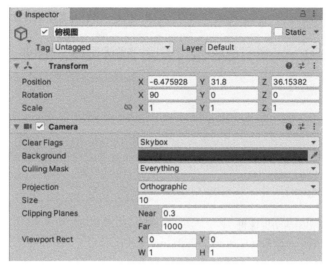

图 5-46　三视图摄像机参数设置

当完成摄像机的设置之后，对应摄像机呈现出的画面如图 5-47 所示。

图 5-47　三视图游戏画面

2. 摄像机切换脚本编写

在 Project 视图的 Scripts 文件夹中右击空白区域，选择 Create → C# Script 选项新建一个脚本，命名为"摄像机转换"，双击并编辑脚本，参考代码如下：

```
using System.Collections;
using System.Collections.Generic;
using UnityEngine;

public class 摄像机转换 : MonoBehaviour
{
```

```
    public Camera[] cameras;            //定义一个公开数组来存储摄像机

    private int currentIndex=0;         //当前活动摄像机的索引

    void Start()
    {
        if (cameras.Length==0)
        {
            Debug.LogError("No cameras found in scene. Please add cameras
to the 'cameras' array.");
            return;
        }
        //设置初始活动摄像机
        cameras[currentIndex].enabled = true;
    }

    void Update()
    {
        int direction=0;

        if (Input.GetKeyDown(KeyCode.A))
        {
            direction=-1;
        }

        if (Input.GetKeyDown(KeyCode.D))
        {
            direction=1;
        }

        if (direction !=0)
        {
            SwitchCamera(direction);
        }
    }

    private void SwitchCamera(int direction)
    {
        cameras[currentIndex].enabled=false;        //禁用当前活动摄像机

        currentIndex=(currentIndex+direction+cameras.Length) % cameras.Length;
                                                    //计算新索引

        cameras[currentIndex].enabled=true;         //启用新的活动摄像机
    }
}
```

在软件开发和虚拟环境搭建的过程中，代码调试是一个至关重要的环节。一旦确认代码已经调试并运行无误，就需要根据设计需求在虚拟场景中设置相应的元素和逻辑。具体到本例，在 Hierarchy 视图中，需要新建一个空物体(empty object)。这个空物体将作为后续操作的载体，不带有任何具体的视觉表现，但将承载关键的逻辑和数据。为了保持代码的清晰和易于理解，将这个空物体命名为"摄像机控制"。接下来，需要将编写好的摄像机转换脚本挂载在这个新建的"摄像机控制"空物体上。这个脚本包含了控制摄像机切换和运动的逻辑，是实现目标功能的关键。通过将这个脚本与空物体关联，可以确保在运行时，该脚本能够访问和修改场景中的摄像机对象。

完成脚本挂载后，将场景中需要控制的摄像机添加到脚本所管理的数组中。这个数组用于存储所有可以切换的摄像机对象，以便在后续的运行过程中，根据用户的输入进行相应的切换。一切设置完成后，就可以运行程序。在程序运行过程中，当用户按 A 键和 D 键时，挂载在"摄像机控制"空物体上的摄像机转换脚本将捕获这些输入，并根据预定义的逻辑进行摄像机的切换。通过这种方式，用户可以方便地切换不同的摄像机视角，从不同角度对目标物体进行观察和分析。

5.5.4　项目发布

1. 基本设置

在项目打包发布之前，需要先对项目进行一些基础设置。选择 File→Build Settings 选项，单击对话框中的 Player Settings 按钮，打开 Project Settings 窗口，根据项目需求在此界面设置图标、版本等内容，如图 5-48 所示。

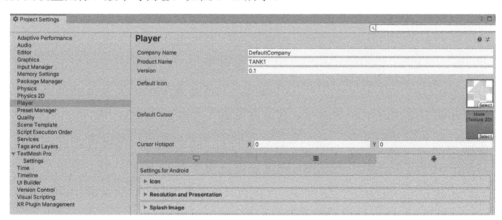

图 5-48　Project Settings 窗口

2. Windows 平台部署

Build Settings 窗口包含将构建内容发布到各种平台所需的全部设置和选项，如图5-49所示。从此窗口中可以创建用于测试应用程序的开发版，也可以发布最终版。Scenes in Build 面板用于管理 Unity 包含在构建中的场景，将需要打包的场景添加到场景列表中。在此窗口的 Platform 部分中可以选择构建的目标平台，此处选择 Windows 平台，保持默认即可，同样也可以根据需求调整 Compression Method 等设置。

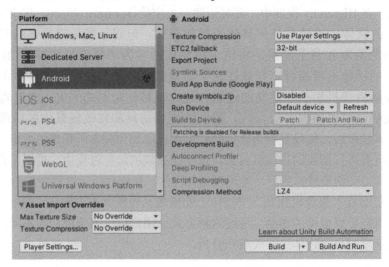

图 5-49　发布 Windows 平台的 Build Settings 窗口

第6章 增强现实系统关键核心技术

一套标准意义上的 AR 系统所需解决的核心问题在于视觉一致性，即在视觉层面上实现真实场景与虚拟场景的完美无缝融合。视觉一致性包含几何一致性、光照一致性和时延一致性，缺乏任何一种一致性都会削弱用户体验。对于光学透视式 AR 头显来说，其最主要的功能是将计算机生成的虚拟内容准确渲染在用户所看到的真实物体上。因此，需要计算真实物体反射的光线通过头显设备进入用户眼睛的路径。图 6-1 所示为未经标定和标定后的光学透视式 AR 头显虚实融合显示效果。由此可见，要保证光学透视式 AR 头显虚实融合的几何一致性，需要对用户眼睛与 AR 头显组成的系统进行标定。AR 头显标定解决的是用户眼睛、头显跟踪系统、显示系统三者之间的转换关系表示和模型参数求解问题。

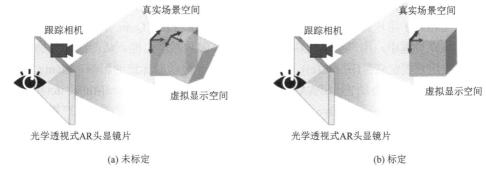

(a) 未标定　　　　　　　　　　　　　　　　　(b) 标定

图 6-1　未标定和标定的光学透视式 AR 头显虚实融合显示效果

AR 系统中的另一关键核心技术是跟踪定位技术。跟踪定位技术主要用于确定用户与其周围真实环境间的相对位置和方向，实现用户在运动过程中的虚实高精度融合。AR 系统中主要采用的跟踪定位方法可分为基于硬件跟踪器的跟踪定位、基于视觉的跟踪定位以及混合跟踪定位。本章将对光学透视式 AR 头显的标定技术和跟踪定位技术进行详细阐述。

6.1　光学透视式 AR 头显标定方法

6.1.1　手动标定方法

早在 1993 年，Adam L.Janin 就提出了 AR 头显的标定方法，并指出标定是 AR 系统中的关键核心技术。此后，Hirokazu Kato 提出了利用手持标志板进行人工匹配的标定方法。Erin McGarrity 提出了用户交互式的标定方法，通过修改相机参数实现虚实配准。但是这些方法的标定过程过于烦琐，待估计的参数较多，用户体验较差，且标定精度受限。

Mihran Tuceryan 从标定的参数模型入手，提出了单点主动对准(single point active alignment method，SPAAM)方法，利用 3×4 的透视投影矩阵表示标定参数。用户可以通过移动 AR 头显，将虚拟像面上显示的 2D 图像点与真实场景中的 3D 点进行对准，标定过程中用户头部可以移动。该方法显著提高了标定过程的操作友好性，简单易实现，是主流的光学透视式 AR 头显标定方法。此后，在 SPAAM 方法的基础上，研究人员提出了多种改进的 SPAAM 手动标定算法，如图 6-2 所示。Stereo-SPAAM 方法是将虚拟 3D 点与真实物体上的 3D 空间点进行匹配(图 6-2(a))。SPAAM2 方法是通过更新用户眼睛位置来调整投影矩阵参数，从而进一步优化标定结果，显著地减少了标定所需的数据量(图 6-2(b))。多点主动对准(multiple point active alignment method，MPAAM)方法可以同时获取多组点对数据，用户通过将渲染的网格点与标定板上的点对准来实现标定数据获取(图 6-2(c))。相较于 SPAAM 方法，MPAAM 方法虽然能加速标定数据获取，但会造成较大的标定误差。

为改善 SPAAM 方法的鲁棒性和用户交互性，Naoya Makibuch 等提出了一种使用 PnP (perspective-n-point)算法同时优化离线和在线参数的 ViRC 方法。该方法将标定参数分解成两部分：一部分由跟踪相机相对于头显显示像面的变换矩阵决定，另一部分由显示像面相对于用户眼睛的变换关系决定(图 6-2(d))。Long Qian 等提出了 fh-SPAAM 方法，在标定过程中，用户头部的移动自由度受到限制减至二维，从而简化并加快标定过程，减少用户视觉疲劳(图 6-2(e))。考虑到用户眼球转动对标定的影响，Zhang Zhenliang 提出了区域相关的动态 SPAAM 标定方法 RIDE-SPAAM(real-time iterative direct estimation for single point active alignment method)(图 6-2(f))。该方法将用户视场分割成为 3×3 的区域，通过更新主投影矩阵来适应由于眼睛朝向变化(眼球转动)造成的眼睛中心位置偏移。

(a) Stereo-SPAAM

(b) SPAAM2/easySPAAM

(c) MPAAM

(d) ViRC

(e) fh-SPAAM

(f) RIDE-SPAAM

图 6-2　SPAAM 手动标定方法及各种改进方法

　　除了基于 SPAAM 的手动标定方法外，Falko Kellner 等提出了利用 2D 点与 3D 线对应的几何标定方法，如图 6-3 所示。该方法可以适用于无标定经验的普通用户，并且标定过程耗时短。Hanseul Jun 使用深度相机实现了简单快速的低成本标定，如图 6-4 所示。用户可以通过手指点击虚拟圆环的方式完成数据获取。相比 Stereo-SPAAM 方法，这种方法在精度和标定速度上表现出更高的性能。

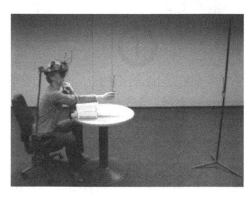

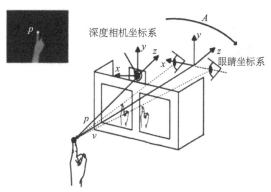

图 6-3　几何标定方法　　　　　　　　　　图 6-4　基于深度相机的快速标定法

　　对于手动标定方法而言，最大的误差来源就是人为误差，即标定结果的好坏很大程度上由标定者的操作能力决定。因此，研究人员致力于降低用户在标定过程中的参与程度，将研究重心逐步转向自动标定技术。

6.1.2　自动标定方法

　　2004 年，Charles B. Owen 提出了有限用户参与的二步标定方法 DRC(design rule check)(图 6-5(a))。该方法将标定过程分为离线和在线两个阶段。离线阶段将相机放置在 AR 头显后方，对设备的显示相关参数进行标定；在线阶段估计与用户相关的参数。此后的自动标定方法基本都采用了该思路。DRC 方法降低了用户在标定过程中的交互程度，但标定设备较为复杂。Yuta Itoh 是自动标定方法的领军人物，他在 2014 年提出的 INDICA (interactive display calibration algorithm)方法在自动标定领域具有重要影响力。该方法根据参数量的不同分为 Full INDICA 和 Recycled INDICA 两种版本(图 6-5(b))，在线阶段利用眼球追踪技术实现眼睛位置的实时估计。Alexander Plopski 提出了基于眼角膜图像的自动标定方法 CIC，角膜成像校准(corneal imaging calibration)。与 INDICA 方法不同的是，CIC 方法使用特征检测算法识别用户眼角膜反射的标定图像，并借助双球眼模型完成视线估计(图 6-5(c))。Martin Klemm 等则提出了一套非参数显示模型的标定方法，通过正弦、余弦图案实现 AR 头显显示像面上的逐像素标定(图 6-5(d))。该方法考虑了显示畸变的影响因素，精度高于 SPAAM 方法，但是模型较为复杂，数据存储量大。

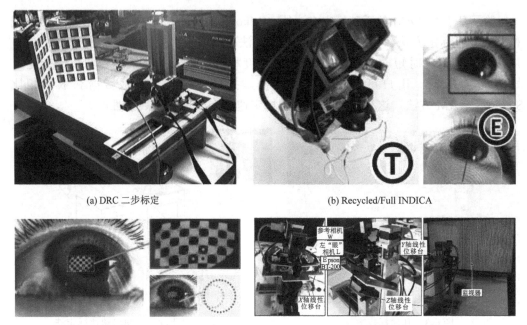

图 6-5　自动标定方法

　　自动标定方法的离线阶段大多采用标准的 SPAAM 方法，在线阶段则考虑用户眼睛转动对标定结果的影响，使用额外的眼动追踪设备获取眼球的运动状态，从而对标定结果进行实时更新，提升标定精度和鲁棒性。

6.1.3　光学透视式 AR 头显标定的评价方法

　　对于光学透视式 AR 头显而言，对标定方法的性能进行评价至关重要。由于最终的虚实融合显示效果只有用户可以看到，无法通过图像处理等客观手段对融合结果进行评价。因此，对光学透视式 AR 头显的虚实配准精度进行评价颇具挑战性。目前，研究人员提出的标定性能评价指标主要包括重投影误差、内参与外参估计值、标定任务完成时间以及工作量等。

　　2000 年，Yakup Genct 等在提出 Stereo-SPAAM 方法时，邀请两名用户对该方法的虚拟融合显示精度进行评价。然而，为了进行可视化验证，他们采用了视频透视式 AR 显示设备，导致该方法无法有效迁移到光学透视式 AR 头显系统。Erin McGarrity 等首次提出利用重投影误差对光学透视式 AR 头显的标定精度进行在线、客观量化分析的方法(图 6-6(a))。随后，Erin McGarrity 等提出了一种基于匹配精度反馈的几何误差主观评价方法(图 6-6(b))。用户可以通过在平板电脑上使用手写笔指示虚拟对象位置的方式评价标定结果。Jens Grubert 等提出了一种多点主动对准的标定方案，通过用户反馈的方式对标定精度进行评价，并在标定耗时和标定精度两方面与 SPAAM 方法进行了对比(图 6-6(c))。

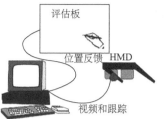

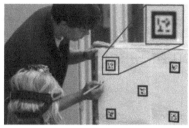

(a) 在线客观量化评价方法　　　　(b) 匹配精度反馈评价方法　　　　(c) 用户指示反馈评价方法

图 6-6　标定精度评价方法

此外，Magnus Axholt 等利用蒙特卡罗仿真方法研究了人的站姿对视觉参数估计的影响。与静止的相机相比，站立的用户即使试图保持完全静止，也会产生不自觉的姿态晃动。因此，在标定过程中用户会人为引入较大的噪声。为降低这种影响，Magnus Axholt 建议在一定深度范围内增加 3D 标定点的分布。此后，Magnus Axholt 进一步总结了用户匹配噪声对光学透视式 AR 头显标定的影响，并指出 3D 标定点数量和空间分布是影响 SPAAM 标定方法的最直接因素。上述两种方法都使用标定参数估计出的眼球位置作为标定误差评价标准。Yuta Itoh 使用重投影误差和眼球位置估计值对 SPAAM、DSPAAM(degraded single point active alignment method)以及 Recycled /Full INDICA 标定方法的精度和误差灵敏度进行了比较分析。Kenneth Moser 等采用几何投影误差、眼球位置这两种客观指标以及用户的主观评价，对 SPAAM、DSPAAM 和 Recycled INDICA 三种标定方法进行了深入分析。这种多维度的评价方法可以全面地评估不同标定方法在准确性、稳定性和用户体验等方面的表现。

6.2　SPAAM 标定方法

6.2.1　离轴针孔相机模型

在计算机视觉中，针孔相机模型常用来表示相机的成像过程，该模型的内参矩阵 $K \in \mathbb{R}^{3 \times 3}$ 表示一个由 3D 坐标空间到 2D 坐标空间的投影变换，内参矩阵 $\boldsymbol{K}$ 的各元素则表示与相机光学特性相关的参数。对于 AR 头显而言，标定最常用的参数模型是离轴针孔相机模型，如图 6-7 所示。真实场景在用户的视网膜上透视成像，若将 AR 头显的光学镜片简化成理想的光学模组，则可将头显的光学模组与用户眼睛看作一个系统，以离轴针孔相机模型表征该成像过程。模型的内参矩阵 $^{E}\boldsymbol{K}$ 定义为

$$^{E}\boldsymbol{K} = \begin{bmatrix} f_u & s & c_u \\ & f_v & c_v \\ & & 1 \end{bmatrix} \tag{6-1}$$

其中，焦距 f_u 和 f_v 分别表示相机中心到图像平面的距离，在理想的离轴针孔相机模型中，f_u 和 f_v 是相等的；c_u 和 c_v 分别表示相机像面主点的实际位置，单位为像素；s 表

示倾斜因子，但在光学透视式 AR 头显系统里一般取 $S=0$。因此，眼睛坐标系 E(这里指头显镜片与眼睛组成的系统)下的一个 3D 点 x_E 映射到头显显示像面坐标系 S 所对应的 2D 点 x_S，这一过程可用式(6-2)表示：

$$x_S = {}^E K x_E \qquad (6\text{-}2)$$

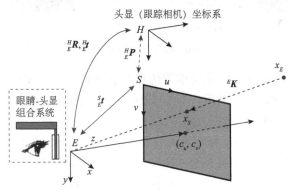

图 6-7　离轴针孔相机模型

实际上，AR 头显会通过内置的跟踪设备将世界坐标系 W 下的 3D 点 x_W 首先转换到头显坐标系 H(这里设头显坐标系与头显上的跟踪相机坐标系重合)下得到 3D 点 x_H。头显坐标系下的 3D 点 x_H 变换到眼睛坐标系下的过程由式(6-3)表示：

$$x_E = {}^H_E R x_H + {}^H_E t \qquad (6\text{-}3)$$

式中，旋转矩阵 ${}^H_E R \in \mathbb{R}^{3\times3}$ 和平移向量 ${}^H_E t \in \mathbb{R}^{3\times3}$ 分别表示头显坐标系 H 到眼睛坐标系 E 的旋转和平移变换，即标定模型中的外参。标定模型中的内参与外参可以用投影矩阵 ${}^H_E P \in \mathbb{R}^{3\times4}$ 表示：

$$ {}^H_E P = {}^E K [{}^H_E R \quad {}^H_E t] \qquad (6\text{-}4)$$

这样，通过内参矩阵 ${}^E K$ 和外参矩阵 $[{}^H_E R \quad {}^H_E t]$ 或投影矩阵 ${}^H_E P$ 就可以建立起空间3D 点 x_H 与头显显示像面上2D 点 x_S 的映射关系。此时，参数化标定模型如式(6-5)所示：

$$x_S = {}^H_E P x_H \qquad (6\text{-}5)$$

6.2.2　眼睛-头显内参模型

采用离轴针孔相机模型表示由光学模组与用户眼睛构成的投影成像模型时，并未考虑用户眼睛相对于 AR 头显发生偏移的情况。在实际应用中，每次用户摘戴 AR 头显，其眼睛相对 AR 头显的位置都会发生偏移，并且不同用户的眼睛位置也各不相同，需要进一步优化标定模型。例如，采用如图 6-8 所示的眼睛-头显内参模型，描述标定过程中的坐标系变换关系。该模型将头显显示像面相对于眼睛的位置从内参矩阵中分离出来，作为一个独立参数考虑。

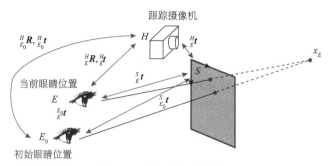

图 6-8　眼睛-头显内参模型

以平移向量 $_E^S \boldsymbol{t} = [x, y, z]^T$ 表示头显显示像面坐标系与用户眼睛坐标系之间的位置平移，则原离轴针孔相机模型的内参矩阵可以表示为

$$
{}^E \boldsymbol{K} = \begin{bmatrix} \alpha_u & & 0 \\ & \alpha_v & 0 \\ & & 1 \end{bmatrix} \begin{bmatrix} z & & -x \\ & z & -y \\ & & 1 \end{bmatrix} \tag{6-6}
$$

式中，$\boldsymbol{\alpha} = [\alpha_u, \alpha_v]^T$ 表示将头显显示像面上的点变换为像素点的尺度因子。$_E^S \boldsymbol{t}$ 依赖于眼睛与 AR 头显当前的相对位置关系，因此内参矩阵 $^E \boldsymbol{K}$ 会随着 AR 头显在用户头部上的位置变化而变化。设眼睛的初始位置为 E_0，其相对头显显示像面的位置用 $_{E_0}^S \boldsymbol{t} = [x_0, y_0, z_0]^T$ 表示，则有

$$
{}^{E_0} \boldsymbol{K} = \begin{bmatrix} \alpha_u & & 0 \\ & \alpha_v & 0 \\ & & 1 \end{bmatrix} \begin{bmatrix} z_0 & & -x_0 \\ & z_0 & -y_0 \\ & & 1 \end{bmatrix} \tag{6-7}
$$

当 AR 头显与用户头部位置发生相对移动时，用户眼睛的位置移动到 E 处，相对初始眼睛位置 E_0 的偏移量 $_E^{E_0} \boldsymbol{t} = _E^S \boldsymbol{t} - _{E_0}^S \boldsymbol{t} = [\Delta x, \Delta y, \Delta z]^T$，则移动后眼睛位置处的内参矩阵应表示为

$$
\begin{aligned}
{}^E \boldsymbol{K} &= \begin{bmatrix} \alpha_u & & 0 \\ & \alpha_v & 0 \\ & & 1 \end{bmatrix} \begin{bmatrix} z_0 + \Delta z & & -x_0 - \Delta x \\ & z_0 + \Delta z & -y_0 - \Delta y \\ & & 1 \end{bmatrix} \\
&= \begin{bmatrix} \alpha_u & & 0 \\ & \alpha_v & 0 \\ & & 1 \end{bmatrix} \left(\begin{bmatrix} z_0 & & -x_0 \\ & z_0 & -y_0 \\ & & 1 \end{bmatrix} + \begin{bmatrix} \Delta z & & -\Delta x \\ & \Delta z & -\Delta y \\ & & 0 \end{bmatrix} \right) \\
&= \begin{bmatrix} \alpha_u & & 0 \\ & \alpha_v & 0 \\ & & 1 \end{bmatrix} \begin{bmatrix} z_0 & & -x_0 \\ & z_0 & -y_0 \\ & & 1 \end{bmatrix} \left(I + \begin{bmatrix} \Delta z / z_0 & & -\Delta x / z_0 \\ & \Delta z / z_0 & -\Delta y / z_0 \\ & & 0 \end{bmatrix} \right) \\
&= {}^{E_0} \boldsymbol{K} \begin{bmatrix} 1 + \Delta z / z_0 & & -\Delta x / z_0 \\ & 1 + \Delta z / z_0 & -\Delta y / z_0 \\ & & 1 \end{bmatrix}
\end{aligned} \tag{6-8}
$$

由式(6-8)可以看出，当前眼睛位置的内参矩阵依赖于初始眼睛内参矩阵 ^{E_0}K 和当前眼睛位置 E 相对于初始眼睛位置 E_0 的偏移量 $^{E_0}_E t$。此外，眼睛位置的变化不仅会改变模型的内参矩阵，还会改变眼睛相对于跟踪相机的位置关系，进而改变模型的外参矩阵。如式(6-9)所示，当前眼睛相对跟踪相机的位移 $^H_E t$ 可以用初始眼睛相对跟踪相机的位移 $^H_{E_0} t$ 和眼睛偏移量 $^{E_0}_E t$ 共同表示，即

$$^H_E t = {}^H_{E_0} t + {}^{E_0}_E t \tag{6-9}$$

大多数光学透视式 AR 头显的自动标定方法都采用了眼睛-头显内参模型，需要实时在线估计出用户眼睛位置的变化情况。

6.2.3 SPAAM 的标定步骤

光学透视式 AR 头显最经典的手动标定方法以 SPAAM 方法为代表。尽管此后研究人员提出了多种改进的手动标定甚至自动标定方法，但 SPAAM 仍被公认为是最简单有效的光学透视式 AR 头显标定方法。标准的 SPAAM 方法是将 AR 头显的光学模组与用户眼睛视为一个成像系统，使用离轴针孔相机模型参数化标定过程。用户通过控制头显显示像面上的 2D 图像点与世界坐标系下的 3D 点进行配准，获取标定数据。利用多组配准的 2D-3D 点对可求解出 3×4 的投影矩阵 $^H_E P$ 参数。理论上，$^H_E P$ 投影矩阵的 12 个参数至少需要 6 对标定数据，但由于手动操作可能引入匹配误差，建议至少使用 12 对标定数据来求解标定参数。在求解标定参数时，可采用直接线性变换(direct linear transform，DLT)或列文伯格-马夸尔特(Levenberg Marquardt，LM) 非线性优化算法。

标准的 SPAAM 方法有两种实现方式：一种是以用户为中心的 SPAAM 标定方式，即保持用户头部静止，移动场景中的 3D 目标点；另一种是以环境为中心的 SPAAM 标定方式，即保持场景中的 3D 目标点位置不变，用户移动头部。这两种方式各有优缺点。以用户为中心的标定方式更灵活，不受环境限制，但需其他方式移动目标点，如请求协助者帮忙移动或采用机械装置移动目标点。以环境为中心的标定方式允许用户在标定过程中移动头部。然而，这种方式容易受用户姿态晃动引起的噪声，进而影响标定精度。

图 6-9 所示为以环境为中心的 SPAAM 标定方式。选择平面标定板作为 3D 目标，在平面标定板中央设置一个十字叉作为标定数据获取阶段的真实靶标点(该点也为世界坐标系的原点)。在 Unity 3D 中导入 Vuforia SDK，将 Vuforia SDK 中的 ARCamera 和 ImageTarget 拖至场景中。ARCamera 可读入真实场景中头显跟踪相机采集到的视频流，而 ImageTarget 对应于真实场景中的平面标定板，通过跟踪定位算法可实时计算出头显跟踪相机相对于平面标定板的 6 自由度位姿。在 ARCamera 下创建 cameraL 和 cameraR 两个虚拟渲染相机，分别负责渲染 AR 头显左、右眼显示像面的虚拟信息。标定者在标定过程中可以移动头部，并通过鼠标控制虚拟十字叉(绿色)与真实靶标点(红色)对准，获取标定所需的 2D-3D 点对数据，如图 6-10 所示。

虚拟红色十字叉

真实靶标点

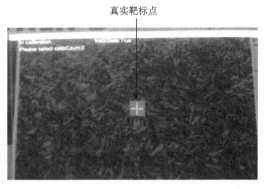

图 6-9　SPAAM 中可采用的平面标定板　　　　图 6-10　虚拟十字叉与真实靶标点对准

为了确定标定者获取数据的最佳时机，避免由于头部晃动或姿态变化而导致误匹配，可以将数据获取阶段的虚拟十字叉的初始颜色设置为红色(表示此时不能进行数据获取)，当头显跟踪相机相对于平面标定板的求解位姿近似不变时，虚拟十字叉的颜色变为绿色，提示标定者此时是数据获取的合适时机。只有在虚拟十字叉变为绿色时获取的标定数据才是有效的。标定者分别对左、右眼交替进行标定。参考 Magnus Axholt 提供的标定数据分布和标定点数量对 SPAAM 方法标定结果的影响分析，建议标定者在距离平面标定板 0.3～2m 的范围内获取数据。根据式(6-5)即可计算出投影矩阵 ${}_E^H\boldsymbol{P}$，从而实现虚实配准。

6.3　增强现实系统的跟踪定位算法

目前在 AR 领域，基于计算机视觉的跟踪定位技术研究处于主导地位。自 20 世纪 90 年代中期，基于计算机视觉的跟踪定位算法经历了有标识跟踪定位、无标识跟踪定位以及同步定位和地图创建(simultaneous localization and mapping，SLAM)跟踪定位的发展历程。图 6-11 所示为 AR 跟踪定位技术的发展示意图。

(a) 有标识跟踪定位　　　　　　　　(b) 无标识跟踪定位　　　　　　　　(c) SLAM

图 6-11　AR 跟踪定位技术发展示意图

6.3.1　有标识跟踪定位技术

有标识跟踪定位技术是将一些已知空间相对位置的人工标识放置在需要定位的真实场景中，利用相机跟踪识别人工标识，在已知标识三维空间位置的基础上，采用计算机视觉的方法估计相机相对于真实场景的 6 自由度位姿。此外，为提高跟踪精度和扩大其使用范围，可以在场景中放置多个人工标识，并为每个标识分配唯一编码。一般来说，基于标识的跟踪定位包括两个主要部分：①在相机采集的图像中识别和检测人工标识图形上的特征点；②根据检测到的特征点的像素坐标，利用相机成像模型估计相机与真实场景之间的 6 自由度位姿。由于利用 N 个特征点进行位姿估计的算法已非常成熟，因此人工标识的识别、跟踪精度将直接影响 AR 系统的整体定位精度。

多年来，国内外的研究机构和知名公司设计开发出各种类型的标识，如 ARToolKit、ARTag、SCR 或环形标识等(图 6-12)。通过改变标识内部的编码图案，可实现多目标的跟踪定位。其中，由华盛顿大学的人机交互实验室开发的 ARToolKit 软件包是最具影响力的标识性成果之一。

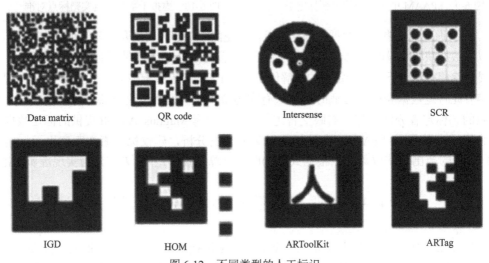

图 6-12　不同类型的人工标识

6.3.2　无标识跟踪定位技术

在真实环境中放置人工标识进行跟踪定位会受到遮挡和环境光照变化的影响，在户外大范围场景下往往无法使用。随着 AR 技术的发展以及应用领域的拓宽，要求 AR 系统具有户外大范围场景下的无标识跟踪定位能力。早期的无标识跟踪定位方法包括基于关键帧匹配的跟踪定位、基于虚拟伺服控制理论的跟踪定位以及基于模型的跟踪定位。

基于关键帧匹配的跟踪定位算法是利用二维图像间的匹配实现跟踪定位。此类算法的核心是选择与当前帧视点最接近的关键帧，利用当前帧与关键帧图像间的特征匹配计算出两帧间的位姿变化。构建两幅图像间的 2D/2D 特征匹配是算法的核心。

2002 年，法国计算机与随机系统研究所的研究人员将机器人控制领域的视觉伺服控制理论引入相机姿态估计，提出了基于虚拟伺服控制理论的跟踪定位方法。该方法假设存在一个虚拟相机与实际相机对应，通过视觉反馈和控制算法，动态调整虚拟相机的位置和姿态，以实现精确的定位。图 6-13 所示为采用该算法实现的虚实融合显示效果。基于虚拟伺服控制理论的跟踪定位方法需要预先获取真实场景的三维模型，且需要在人为干预下实现第一帧图像的配准。因此，该方法适用于特定的、较为简单的场景。

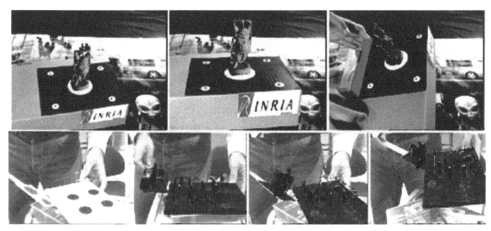

图 6-13　基于虚拟伺服控制理论的跟踪定位虚实融合显示效果

　　基于模型的跟踪定位算法需要预先对目标物体或场景进行建模，通过提取每帧图像中的 2D 特征点图像坐标并与其对应的空间 3D 点进行数据关联，从而求解相机的 6 自由度位姿。该方法的关键在于选择何种图像特征提取算法构建目标的三维模型。目前，基于模型的跟踪定位方法主要包括基于兴趣点、边缘以及区域的方法。总体而言，这些方法也存在着建模工作量大且烦琐、优化算法容易陷入局部最小的问题。图 6-14 所示为瑞士联邦理工学院计算机视觉实验室的 Lepetit 教授于 2003 年提出的基于模型的跟踪定位算法。该算法利用场景的离线和在线信息完成实时跟踪定位，对相机的视点变化、环境光照以及物体遮挡具有较强的鲁棒性。

(a) 基于模型的跟踪定位算法虚拟融合显示效果

(b) 遮挡情况下的虚实融合显示效果

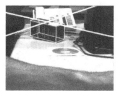

(c) 缩放情况下的虚实融合显示效果

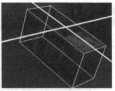

(d) 光照变化下的虚实融合显示效果

图 6-14　基于模型的跟踪定位算法在遮挡、缩放、光照变化下的虚实融合显示效果

6.3.3　SLAM 跟踪定位技术

基于关键帧匹配的跟踪定位算法以及基于模型的跟踪定位算法，都需要系统离线构建场景的三维模型，因此在未知环境下无法使用。相比之下，基于主动重构的跟踪定位算法可以解决该问题。早在 1998 年，英国剑桥大学机器视觉研究小组就开始从事实时运动结构重建方面的研究工作，并于 2003 年首次提出了基于主动重构的跟踪定位。该方法的思想源自机器人导航领域的 SLAM 算法。本质上，SLAM 算法可以简单描述为移动机器人在未知环境的运动过程中逐步构建环境地图，同时利用该地图进行自身位姿估计的问题。

近年来，SLAM 跟踪定位技术取得了显著进展。根据视觉传感器的不同，SLAM 算法可以分为单目 SLAM 算法、多目 SLAM 算法、RGB-D SLAM 算法，以及采用事件相机的 Event Camera SLAM 算法。根据特征提取方式的不同，SLAM 又可分为特征点法 SLAM 和直接法 SLAM。经典特征点法 SLAM 包括粒子滤波框架下的 Mono SLAM(图 6-15)、PTAM (parallel tracking and mapping) (图 6-16)以及 ORB-SLAM(oriented fast and rotated brief simultaneous localization and mapping)(图 6-17)。典型的直接法 SLAM 有 LSD-SLAM(large-scale direct simultaneous localization and mapping)(图 6-18(a))和 DTAM(图 6-18(b))等方法。特征点法 SLAM 构建的是稀疏地图，而直接法 SLAM 可构建稠密地图。稠密地图可较好地恢复场景的结构信息，但并未对场景的内容进行理解与感知。因此，近年来研究人员针对场景的语义理解，提出了语义 SLAM 算法。

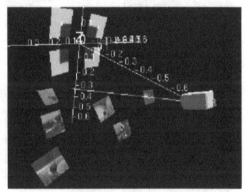

图 6-15　Mono SLAM 算法构建的场景地图

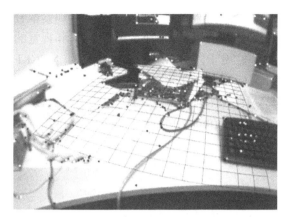

图 6-16 PTAM 算法构建的场景地图

图 6-17 ORB-SLAM 算法构建的场景地图

(a) LSD-SLAM 构建的场景地图

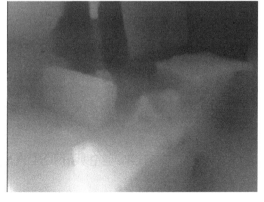

(b) DTAM 构建的场景地图

图 6-18 直接法 SLAM 重构的地图

单一的跟踪定位技术难以全面解决 AR 系统中的跟踪定位问题。因此，国外知名大学和研究机构的学者提出采用混合跟踪的方式实现跟踪定位。混合跟踪是指采用不同种类的跟踪设备，取长补短共同完成 AR 系统的跟踪定位任务。融合视觉和惯性传感器是最常见的混合式 SLAM 跟踪定位方法。视觉和惯性传感器的融合可分为松耦合和紧耦合两类，分别指先独立估计 IMU 和视觉系统的姿态再进行融合，或者是将 IMU 和视觉的观测联合在一起求解运动估计。其中，使用扩展卡尔曼滤波(EKF)框架的 MSCKF (multi-state constraint Kalman filter)、ROVIO (robust visual inertial odometry)，以及 OKVIS(open keyframe-based visual-inertial SLAM)等算法较为知名。2017 年，香港科技大学提出的 VINS-Mono (visual-inertial navigation system(mono))，在资源受限的移动设备上展现出了出色的性能，如图 6-19 所示。

(a) 搭载视觉+IMU的无人机

(b) 规划的飞行轨迹

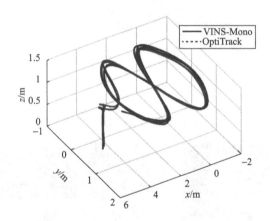

(c) VINS-Mono估计的相机轨迹

图 6-19　VINS-Mono 的室内测试结果

6.4　经典的 SLAM 跟踪定位技术

6.4.1　视觉 SLAM 系统的框架

1. 视觉里程计

跟踪即相机定位，是指获得相机在其所处环境中位姿信息的过程，主要包括全局定位和位姿跟踪两种类型。无论是当前帧和过去帧之间的位姿跟踪，还是当前帧和地图之间的全局定位，都需要点到点的匹配，前一类是 2D-2D 点匹配，后一类是 2D-3D 点匹配，利用匹配得到的点对求解旋转矩阵 $\boldsymbol{R}$ 和平移向量 $\boldsymbol{t}$。总体而言，视觉 SLAM 的前端为视觉里程计(visual odometry，VO)，即利用图像序列或者视频流，计算相机的位置和方向的过程。如图 6-20 所示，一般包括图像获取后的畸变校正、特征提取与匹配或者直接匹配对应像素，通过对极几何原理估计相机的旋转矩阵和平移向量。由此获得一个粗略的相机位姿，为后端优化提供较好的初值。

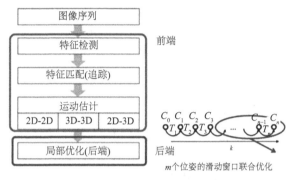

图 6-20 视觉里程计的流程

根据实现平台的差异以及在精度和计算时间之间进行权衡，视觉里程计面临的主要挑战包括特征点的提取与匹配、姿态估计算法等方面。VO 阶段通常通过当前帧与前一帧或关键帧的特征匹配估计当前帧的位姿，但这样所获得的位姿存在较大的累积误差，同时也未能利用完整的帧间信息。因此可以考虑将非相邻帧之间的观测信息作为约束条件，进行局部优化。局部集束调整(local bundle adjustment，LBA)是一种常见的方法。如图 6-21 所示，局部集束调整方法不仅优化当前处理的关键帧的姿态 Pos3，同时参与优化的还包括所有在共视图中与该关键帧相连的关键帧，如图 6-21 所示的 Pos2 以及所有被这些关键帧观测到的地图点，如点 X_1 和 X_2。此外，参与优化的还包括与当前处理的关键帧 Pos3 不直接相连但是能观测到地图点的帧，如图 6-21 所示的 Pos1。需要注意的是，像 Pos1 这样的关键帧虽然参与优化约束，但并不作为变量去改变优化的结果。

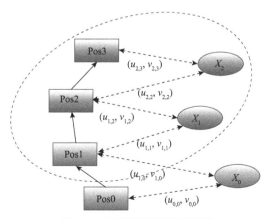

图 6-21 局部集束调整示意图

2. 后端优化

理论上，如果 VO 模块能够精确估计相机的旋转矩阵 R 和平移向量 t，就能得到完美的定位和建图。然而，在实际应用中，由于数据中存在噪声以及传感器精度、误匹配等因素，都会造成估计的结果出现误差。此外，由于 VO 只是利用当前帧与前一帧或前一个关键帧进行位姿估计，如果前一帧的估计结果存在误差，将会导致后续的累积误差。随着轨迹的增长，累积误差将越来越大，造成跟踪定位及建图精度的下降，甚至得到错误的结果。为了解决该问题，SLAM 框架引入后端优化。后端优化一般采用集束调整(bundle adjustment，BA)、扩展卡尔曼滤波、图优化等方式来解决，其中，基于图优化的后端优化效果最好，也是当前的主流优化方式。

VO 只具备短时记忆，前端对位姿的估计精度是非常有限的。而 SLAM 算法的目标是构建一个尺度、规模更大的优化问题，考虑的是长时间内的最优轨迹和地图。后端优化的解决方案主要分为两大类，早期的 SLAM 框架以 EKF 为主。然而，由于 EKF 在一定程度上假设了马尔可夫性，在处理非线性运动和观测模型时以线性方式进行近似，再加上EKF-SLAM 需要存储和更新大量的路标状态量，因此不适用于大规模场景。目前，研究人员普遍倾向于采用 BA 的非线性优化方法，利用矩阵的稀疏结构，加速求解状态估计的过程。

3. 回环检测

回环检测的目的是消除累积误差。假设机器人运行了一段时间之后回到原点，但由于 VO 存在误差漂移，估计的位姿有较大偏差。如果机器人能够识别出曾经到过该地，那么就可以把当前存在累积误差的估计值"拉回"至原点，从而消除误差漂移，提高定位的准确性。目前，回环检测最常采用的是词袋(bag-of-words，BoW)方法，根据图像的外观检测当前帧是否与以前的关键帧相似。但是，BoW 方法需要事先对字典进行训练，因此 SLAM 研究人员仍在寻求更适合的替代方案。经典的 ORB-SLAM 系统采用的就是基于词袋模型的回环检测方法 DBoW。图 6-22 展示了 ORB-SLAM 系统在回环优化前后摄像机轨迹及重建的 3D 地图结果。

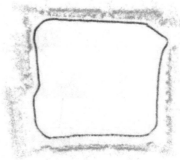

(a) 回环优化前效果图　　　　　　　　　(b) 回环优化后效果图

图 6-22　回环优化前后的效果

4. 建图

建图是指相机利用获取的图像构建环境地图的过程。常用的地图模型有点云地图、栅格地图以及拓扑地图等。对 SLAM 系统而言，地图的构建形式并非是固定的，而是应根据 SLAM 系统的具体应用场景而定的。不同的 SLAM 系统应用对地图的需求各不相同。在实际应用中，地图的用处可归纳为如下几方面。

(1) 定位：这是地图的基本功能。如果能把所构建的地图保存下来，系统就可直接在已有地图中定位，避免地图的重复构建。

(2) 导航：是指机器人能够在地图中进行路径规划，通过控制自身运动到达目标地的过程。因此需要知道地图中哪些区域可通行，哪些区域有障碍物，至少是稠密地图才具备这样的功能。

(3) 避障：与导航任务相似，避障更注重对局部、动态的避开障碍物的过程。因此也需要稠密地图。

(4) 重建：通过 SLAM 系统对周围环境进行重建，其主要目的是展示环境地图给人们观看，所以重建的地图需要自然美观。

(5) 交互：是指人与地图之间的互动。例如，命令机器人去“拿桌子上面的水杯”，要让它理解什么是“桌子”、什么是“上面”、什么是“水杯”，需要机器人对地图有更高层面的认知，即语义地图。

6.4.2　VINS 算法

1. 视觉-惯导融合的优势

目前视觉 SLAM 系统的框架已经相当完善，但在相机快速运动、遮挡和纹理信息匮乏等具有挑战性的场景下容易跟踪定位失败。而视觉和 IMU 在定位和建图方面具有固有的互补特性，IMU 可以辅助视觉系统解决上述问题。视觉与 IMU 融合的定位与建图技术称为视觉惯性系统(visual-inertial system，VINS)。由于 VINS 具有功耗低、精度高、微型化、价格低等优点，因此在无人机、移动机器人以及 AR/VR 领域均有广泛的应用。

IMU 可以提供三轴线加速度和角速度测量，利用预积分技术估计自身位姿，可有效解决单目相机的尺度不确定性问题，获得与真实场景大小一致的地图。同时，当面对因动态物体、特征稀疏、图像模糊导致的视觉跟踪错误情况，可利用 IMU 预积分技术增加系统的约束项以提高系统的定位精确度和鲁棒性。此外，由于 IMU 具有较高的数据刷新率，因此利用 IMU 进行帧间位姿预测可提升 VINS 的数据更新率。

2. 视觉-惯导融合需要解决的问题

在视觉与 IMU 融合的 SLAM 系统中需要解决一系列的技术难点。首先，IMU 提供的三轴线加速度输出是设备自身的加速度和重力加速度的矢量和，且加速度计自身存在零偏。随着时间的增长，IMU 的固有偏差所带来的累积误差会快速增长，导致误差累积漂移。要获得准确的跟踪定位效果，需要对重力向量、加速度零偏等参数做出准确估计。

其次，需要解决 IMU 与图像的时间戳对齐问题。IMU 与相机的采样频率相差数倍。若视觉与 IMU 采样频率稳定，则时间戳对齐较容易处理。但是，当 IMU 或视觉的采样频率较为随机、不稳定时，或者 IMU 中的陀螺仪与加速度计的时间戳不对应时，系统难以处理。

3. 基础知识

本小节介绍相机和 IMU 的坐标系、视觉测量、惯性传感器模型以及 IMU 预积分技术等基础知识。用 C 表示相机坐标系，通常将第一帧相机坐标系定义为世界坐标系 W。IMU 坐标系和体坐标系是对齐的，用 B 表示。由于相机和 IMU 两个传感器在装调时位置及朝向存在差异，因此二者输出的姿态存在一个变换矩阵 $\boldsymbol{T}_{\mathrm{CB}}$。$\boldsymbol{T}_{\mathrm{CB}}$ 表示从 IMU 坐标系 B 到相机坐标系 C 的变换矩阵。相机内参矩阵以及相机与 IMU 间的外参矩阵可分别通过张正友标定法、Kalibr 离线标定工具事先离线标定。图 6-23 所示为世界坐标系、相机坐标系以及 IMU 坐标系之间的位置关系。

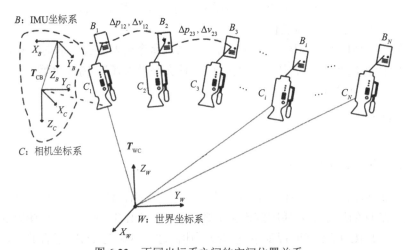

图 6-23　不同坐标系之间的空间位置关系

1）视觉测量

相机是将三维世界坐标点投影到二维成像平面上成像的传感器，视觉里程计根据空间点与图像像素的映射关系恢复出相机的运动轨迹，并估计出像素点在三维空间的坐标。因此，相机成像模型影响系统估计的相机轨迹和建图精度。一般来说，SLAM 系统的视觉测量部分都是采用传统的针孔相机模型表示：

$$\pi\left(X_C\right)=\begin{bmatrix} f_u\dfrac{x_c}{z_c}+c_u \\ f_v\dfrac{x_c}{z_c}+c_v \end{bmatrix},\quad X_C=\begin{bmatrix} x_c & y_c & z_c \end{bmatrix}^{\mathrm{T}} \tag{6-10}$$

式(6-10)表示相机坐标系下的 3D 点 $X_C\in\mathbb{R}^3$ 投影至图像像素坐标系 $\pi\left(X_C\right)\in\mathbb{R}^2$ 的

映射关系。式中，$[f_u\ f_v]^T$ 表示焦距；$[c_u\ c_v]^T$ 表示主点位置。重投影误差是指特征点在归一化平面上的估计值 $\pi(X_c)$ 与观测值之间的差，最小化重投影误差是视觉测量中对相机位姿进行优化的基本方法。

2) IMU 测量及动态模型

IMU 是惯性导航的基本测量单元，通常都集成了三轴陀螺仪和三轴加速度计。相应地，其能够输出载体的角速度值和加速度值。值得注意的是，IMU 的输出值都是相对于体坐标系的。IMU 的测量模型包含两种类型的噪声：高斯白噪声 $n(t)$ 和随机游走噪声，即零偏 $b(t)$，可表示为

$$\omega_m(t) = \omega_b(t) + b_g(t) + n_g \tag{6-11}$$

$$a_m(t) = a_b(t) + \mathbf{R}_W^B(t)g^w + b_a(t) + n_a \tag{6-12}$$

式中，$\omega_m(t)$ 和 $a_m(t)$ 分别为 t 时刻三轴陀螺仪和三轴加速度计的测量值；$\omega_b(t)$ 为真实角速度；n_g 为陀螺仪的噪声项；$a_b(t)$ 为真实的加速度；$\mathbf{R}_W^B(t)$ 为旋转矩阵；g^w 为重力加速度；n_a 为加速度计的噪声项。通常陀螺仪和加速度计的零偏 $b_g(t)$、$b_a(t)$ 是动态的，可以视为随机游走过程，即满足：

$$\dot{b}_g(t) = n_{b_g}, \quad \dot{b}_a(t) = n_{b_a} \tag{6-13}$$

式中，n_{b_g} 和 n_{b_a} 满足零均值的高斯噪声分布。k 与 $k+1$ 时刻相邻关键帧之间的位置、速度和朝向可通过 IMU 的测量值积分表示为

$$p_{b_{k+1}}^w = p_{b_k}^w + v_{b_k}^w \Delta t_k + \iint_{t \in [t_k, t_{k+1}]} \left\{ \mathbf{R}_{b_t}^w \left[a_m(t) - b_a(t) - n_a \right] - g^w \right\} dt^2$$

$$v_{b_{k+1}}^w = v_{b_k}^w + \int_{t_k}^{t_{k+1}} \left\{ \mathbf{R}_{b_t}^w \left[a_m(t) - b_a(t) - n_a \right] - g^w \right\} dt$$

$$q_{b_{k+1}}^w = q_{b_k}^w \otimes \int_{t_k}^{t_{k+1}} \frac{1}{2} \Omega [\omega_m(t) - b_g(t) - n_g] q_t^{b_k} dt \tag{6-14}$$

式(6-14)描述了 IMU 测量的状态(位置、速度和姿态)更新过程。$p_{b_{k+1}}^w$、$p_{b_k}^w$ 表示 $k+1$ 和 k 时刻 IMU 在世界坐标系下的位置；$v_{b_{k+1}}^w$、$v_{b_k}^w$ 表示运动速度；$\mathbf{R}_{b_t}^w$ 表示从 IMU 坐标系到世界坐标系的旋转矩阵；$q_{b_{k+1}}^w$、$q_{b_k}^w$ 为 $k+1$ 和 k 时刻以四元数表示的 IMU 相对世界坐标系的旋转；$\otimes$ 是四元数乘法；Ω 是角速度的四元数形式。

3) IMU 预积分

由式(6-14)可以看出，$k+1$ 时刻的待估计状态变量依赖 k 时刻的值。在后端的非线性优化过程中，每次迭代时待估计状态变量都会改变，而每次改变都需要重新计算，这将带来极大的时间消耗。为了避免该问题，目前的 VINS 都采用了 IMU 预积分技术。IMU 预积分技术是将参考坐标系从世界坐标系转换到 IMU 坐标系，具体来说是在式(6-14)等号两边同时乘以 $R_w^{b_k}$，即可将 IMU 在两关键帧之间的观测量与上一帧待估计变量解耦，从而避免迭代更新过程中的重复积分。假设在 k 时刻下 IMU

和相机同步即时间戳对齐，则

$$R_w^{b_k} p_{b_{k+1}}^w = R_w^{b_k} \left(p_{b_k}^w + v_{b_k}^w \Delta t_k - \frac{1}{2} g^w \Delta t_k^2 \right) + \alpha_{b_{k+1}}^{b_k}$$

$$R_w^{b_k} v_{b_{k+1}}^w = R_w^{b_k} \left(v_{b_k}^w - g^w \Delta t_k \right) + \beta_{b_{k+1}}^{b_k}$$

$$R_w^{b_k} q_{b_{k+1}}^w = \gamma_{b_{k+1}}^{b_k} \tag{6-15}$$

其中，$\alpha_{b_{k+1}}^{b_k}$、$\beta_{b_{k+1}}^{b_k}$、$\gamma_{b_{k+1}}^{b_k}$ 为预积分项：

$$\alpha_{b_{k+1}}^{b_k} = \iint_{[t_k, t_{k+1}]} \left\{ R_{b_t}^w \left[a_m(t) - b_a(t) - n_a \right] \right\} dt^2$$

$$\beta_{b_{k+1}}^{b_k} = \int_{t_k}^{t_{k+1}} \left\{ R_{b_t}^w \left[a_m(t) - b_a(t) - n_a \right] \right\} dt \tag{6-16}$$

$$\gamma_{b_{k+1}}^{b_k} = \int_{t_k}^{t_{k+1}} \frac{1}{2} \Omega \left(\omega_m(t) - b_g(t) - n_g \right) q_t^{b_k} dt$$

由此可以看到预积分的作用是将积分项预先计算，原来每次后端迭代更新操作都需要重新积分。预积分理论提出后，当后端优化过程中的当前时刻状态变量发生变化时，只需要乘法和加法运算即可快速更新下一时刻待估计状态变量，从而减少了计算量。滑动窗口内相邻两帧图像 I_{k+1}、I_k 之间的 IMU 预积分误差可表示为：

$$r_B\left(\hat{z}_{b_{k+1}}^{b_k}, \chi \right) = \begin{bmatrix} \delta\alpha_{b_{k+1}}^{b_k} \\ \delta\beta_{b_{k+1}}^{b_k} \\ \delta\gamma_{b_{k+1}}^{b_k} \\ \delta b_a \\ \delta b_a \end{bmatrix} = \begin{bmatrix} R_w^{b_k} \left(p_{b_{k+1}}^w - p_{b_k}^w - v_{b_k}^w \Delta t_k + \frac{1}{2} g^w \Delta t_k^2 \right) - \alpha_{b_{k+1}}^{b_k} \\ R_w^{b_k} \left(v_{b_{k+1}}^w - v_{b_k}^w + g^w \Delta t_k \right) - \beta_{b_{k+1}}^{b_k} \\ 2 \left[q_w^{b_k} \otimes q_{b_{k+1}}^w \left(\gamma_{b_{k+1}}^{b_k} \right)^{-1} \right]_{xyz} \\ b_{a_{k+1}} - b_{a_k} \\ b_{g_{k+1}} - b_{g_k} \end{bmatrix} \tag{6-17}$$

4) 视觉-IMU 对齐

VINS 中，尺度 s、重力向量 g^w、加速度零偏 b_g 和陀螺仪零偏 b_a、速度这几个参数并不是直接可观的，需要在视觉-IMU 对齐的过程中进行估计。一般来说，视觉 SLAM 系统运行一定时间后，系统中将会保存一定数量的关键帧，关键帧之间的视觉测量值是已知的。与此同时，采用预积分技术可获得连续关键帧之间的 IMU 预积分。因此，可通过 IMU 测量辅助视觉部分计算尺度，而视觉部分则辅助 IMU 确定陀螺仪零偏、加速度零偏、速度、重力向量等。

5) 后端优化

视觉 SLAM 系统中，后端优化的仅仅是重投影误差，即

$$E_{\text{proj}}(j) = \rho[x - \pi(X_C)]^{\mathrm{T}} \Sigma_x [x - \pi(X_C)] \tag{6-18}$$

式中，x 为三维空间点在像面上的投影像素坐标；ρ 为 Huber 函数；Σ_x 为与特征点尺度相关的信息矩阵；$\pi(\cdot)$ 为 3D 点到 2D 点的投影。而在视觉-IMU 融合的紧耦合 SLAM 系统中，视觉和 IMU 的误差项是一起优化的。

图 6-24 给出了纯视觉 SLAM 与融合 IMU 之后 SLAM 的示意。IMU 为相邻帧的位姿估计添加了约束，因此系统优化的目标函数包括视觉的重投影误差项及 IMU 的测量残差项，即

$$\theta = \underset{}{\operatorname{argmin}}\left(\sum E_{proj}(j) + E_{\text{IMU}}(i,j)\right) \tag{6-19}$$

其中，IMU 测量残差项 $E_{\text{IMU}}(i,j)$ 为

$$E_{\text{IMU}}(i,j) = \rho\left(\left[e_R^T e_v^T e_p^T\right] \Sigma_I \left[e_R^T e_v^T e_p^T\right]^{\mathrm{T}}\right) + \rho\left(e_b^T \Sigma_R e_b\right) \tag{6-20}$$

式中，Σ_I 为预积分的信息矩阵，Σ_R 为随机游走的信息矩阵。在优化过程中，通常采用的是通用图优化 g2o(General Graph Optimization)中的高斯牛顿算法求解。

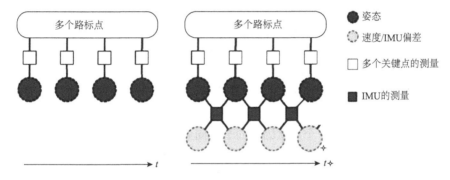

图 6-24　纯视觉 SLAM 与视觉-IMU 融合 SLAM 示意对比

4. VINS 的一般处理流程

VINS 按照 IMU 与相机的融合方式可分为紧耦合和松耦合。松耦合方式将 IMU 和相机当作两个独立的模块分别进行位姿估计，然后将估计结果进行融合。而紧耦合方式则是将 IMU 和相机的测量值合并到一个状态向量构建运动方程和观测方程，并对状态变量进行整体估计。松耦合方式保持了相机和 IMU 的相对独立性，方便独立模块的优化设计，计算量通常较低。而紧耦合方式考虑了两个传感器测量值的耦合性，具有更高的估计精度。现阶段主流的 VINS 大多采用紧耦合的方式。例如，香港科技大学的沈劭劼团队开源的分别支持个人电脑端和移动设备的 VINS-Mono 和 VINS-Mobile，就采用了紧耦合方式实现 VIO。图 6-25 所示为 VINS 系统流程。除了地图构建，总体上包含了 VINS 的各个模块。

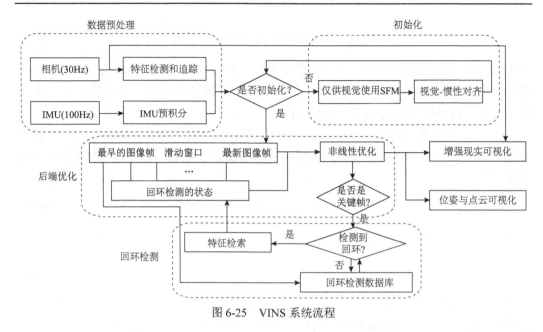

图 6-25　VINS 系统流程

(1) 数据预处理：IMU 的采样频率为 100Hz，而相机的采样频率是 30Hz 左右，因此先对 IMU 和图像的数据进行同步处理，然后利用直方图均衡化确保在原始图像过亮或过暗的区域能够提取到足够的特征点。在预处理后的图像上提取 Harris 角点，利用光流法跟踪提取到的角点，实现帧间的特征匹配。采用 IMU 预积分技术输出两帧图像间的 IMU 预积分结果。

(2) 初始化：包括视觉初始化和视觉-惯性对齐两部分。系统初始运行时为纯视觉 SFM 算法，在滑动窗口内选取具有一定视差和较多匹配特征点对的两个关键帧，采用五点算法恢复旋转向量和相差一个尺度因子的平移向量，并通过三角化法获得特征点的深度值。接着用 PnP 算法计算滑动窗口内其他关键帧的位姿，然后对滑动窗口内的所有帧进行集束调整，最小化其重投影误差，从而优化滑动窗口内所有关键帧的位姿。在纯视觉 SFM 算法运行一段时间之后，视觉和 IMU 预积分都输出一个相对运动。将二者进行对齐，从而可以标定出重力加速度、尺度、陀螺仪零偏和速度。这里在视觉-惯性对齐阶段并没有标定出加速度零偏，而是放到紧耦合优化的状态向量中进行估计。

(3) 后端优化：构建的是基于滑动窗口的视觉惯导紧耦合非线性目标损失函数，包括视觉重投影误差，利用 IMU 测量值预积分构建的 IMU 测量残差，引入由于限制窗口数量而舍弃历史信息产生的边缘化残差。

(4) 回环检测：使用基于 BoW 模型进行回环检测，以减少相机轨迹的漂移，最后通过全局图优化对整个轨迹进行矫正。

6.5　应用案例：增强现实定点观景器

在北京市政府部门的支持下，北京理工大学光电学院承担了基于增强现实的数字圆明园研究项目。为实现圆明园的现场数字重建，设计了一种基于固定位置的定点式 AR 系统(AR-View)，为用户提供实时、立体的虚实融合显示。用户可使用云台手柄在水平

360°、垂直±30°的范围内转动摄像镜筒,从而在圆明园景区现场观看到在废墟上数字重建的大水法、观水法、远瀛观、海晏堂等建筑的原始三维模型,并可以与真实场景图像进行叠加融合显示。定点 AR 式系统具有"真实""虚拟""增强"三种工作模式,分别显示真实场景、完全虚拟的场景以及虚实融合的增强效果。系统的控制面板为用户提供了镜头变焦、调整模型光照强度、真实、虚拟,以及增强场景模式切换、视频和声音播放等多种交互方式。

6.5.1　系统构成

用于圆明园三维数字现场重建的 AR-View 主要由光电立体成像子系统、姿态传感子系统、图像处理子系统和同步转动平台子系统组成,系统结构如图 6-26 所示。其中,光电立体成像子系统由双路相机、双路显示屏和立体目视镜组成,其功能包括拍摄现场的图像,同时将计算机渲染的模型以立体方式显示。姿态传感子系统由云台和光电编码器组成,用于测量镜筒的姿态数据。图像处理子系统根据镜筒的姿态数据对圆明园的 3D 模型进行变换和渲染,并与真实场景图像叠加实现虚实融合。同步转动的机械平台是所有设备的载体,能够使系统与用户同步转动,同时装配有 UPS 和集电环,确保系统安全供电并避免电缆纠缠。

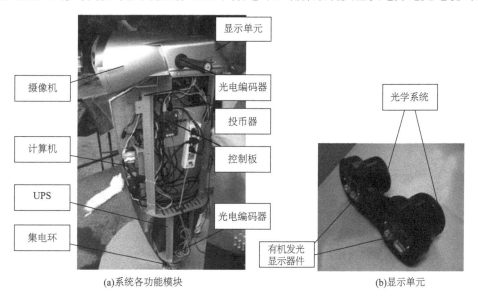

(a)系统各功能模块　　　　　　　　　　(b)显示单元

图 6-26　AR-View 系统结构

6.5.2　子系统功能

1. 光电立体成像子系统

光电立体成像子系统的功能是获取真实场景图像并为用户呈现虚实融合的立体显示,从而提升用户的体验。图像采集和显示部分采用立体视觉通道设计,左、右两路摄像机分别对应人的左、右眼,显示系统使用双 LCD 显示器和双通道目视镜。双路 CCD 摄像机拍摄的带有视差的左、右眼真实场景图像与同视角渲染的虚拟场景融合,在左、右显示器上同步显示，并经过双通道目视镜合成，从而使用户观看到具有立体视觉效果的增强场景，提升用户的浸没感。

2. 姿态传感子系统

姿态传感子系统的功能是获取定位信息，由旋转云台、两个光电编码器和齿轮传动机构构成。由于 AR-View 放置在固定位置，因此将跟踪定位所需的 6 自由度位姿简化至 2 自由度，即只需实时获取镜筒的俯仰角和偏航角，从而降低系统实现的复杂度。俯仰角和偏航角由与旋转云台相连接的高精度光电编码器测量获得。光电编码器具有体积小、重量轻、力矩小、可靠性高、寿命长的特点，其测量精度可达到 0.07°，确保 AR-View 满足虚实融合的精度要求。

3. 图像处理子系统

图像处理子系统的主要功能是实现虚实场景的融合，其主体是工控机和 3D 渲染引擎。图像处理子系统根据姿态传感子系统所测得的角度信息计算出圆明园 3D 数字模型在真实场景中的映射坐标，经过投影变换和渲染得到相应的投影图像。图 6-27 所示为用户使用 AR-View 在大水法和西水塔遗址观看到的虚实融合显示效果对比。

(a) 大水法遗址实景　　　　　　　　　　　　　　(b) 大水法虚实融合效果

(c) 西水塔遗址实景　　　　　　　　　　　　　　(d) 西水塔虚实融合效果

图 6-27　增强现实效果对比

4. 同步转动平台子系统

同步转动平台子系统是一个随动机构，其功能是承载工控机、UPS 和其他设备，实现系统与用户同步转动，有效防止电缆纠缠问题。同步转动平台子系统安装在系统底盘上，含双层套筒、同步转动平台、轴承、集电滑环、数据及电气接口。内层套筒固定在系统底座上，外层套筒与旋转云台相连接。工控机、UPS 等设备安装在与外层套筒相连的同步旋转平台上，集电滑环为同步旋转平台上的 UPS 提供动力电源。用户通过云台联动杆驱动云台和外层套筒旋转，进而带动同步旋转平台以及其上的工控机、UPS 等设备实现同步旋转。

AR-View 目前已在圆明园遗址公园的大水法景区面向公众开放(图 6-28)。此外，AR-View 也在中国科技馆新馆的"昔口重现"展区进行展出，每天吸引大量观众亲身体验，推动了增强现实技术的普及。在北京市规划馆 2010 年的改造中，AR-View 也作为普适娱乐设备受到中外游客的青睐。

图 6-28　圆明园实际应用中的 AR-View

第7章　虚拟现实的健康与舒适问题

随着虚拟现实技术的进步和应用场景的扩展，越来越多的人开始长时间沉浸在虚拟现实环境中。然而，长期使用虚拟现实设备是否会对人体健康产生影响以及具体会产生怎样的影响，已经成为亟待解决的首要问题。头戴式显示器在呈现虚拟画面的过程中可能导致眼球的辐辏-调节矛盾(vergence-accommodation conflict，VAC)，从而引发视觉疲劳。同时为了满足沉浸感，虚拟现实会为用户提供第一人称视角的画面，这在与前庭信号不匹配的情况下，会导致自身感知矛盾，进而引发虚拟现实晕动症(visually induced motion sickness，VIMS)，造成恶心、呕吐、方向感缺失等眩晕症状，严重影响虚拟现实的沉浸式体验。探索并解决虚拟现实设备使用过程中可能出现的健康与舒适问题，是推动虚拟现实技术进一步发展的关键所在。

7.1　三维显示视疲劳

头戴式显示器是当前虚拟现实系统中使用频率最高的显示设备。而作为显示设备，在长期使用过后必然为用户带来视觉疲劳。此外，头戴式显示器在使用过程中对头部的压力和将用户与真实世界隔绝开来的特性也决定了其对视觉的影响应当区别于传统的显示设备，有必要进行专门的分析和研究。

显示设备引起视疲劳的机制、视疲劳的评估方法和抑制/舒缓方法一直是显示领域和人因工程领域的重点研究方向。随着虚拟现实技术的发展与应用，与其相关的人因研究也成为近些年的研究热点，虚拟现实对人的认知负荷以及视觉系统的影响是普遍关注的重点。

7.1.1　人的立体视觉和深度感知

人的立体视觉是视觉系统和大脑共同作用的结果，个体首先利用左、右眼获得场景的两幅略有不同的二维图像，然后大脑会结合这两幅图像的差异以及过去生活中所积累的经验，判断出场景中物体的深度信息以及它与自身的距离。用以判断深度的线索可以分为心理和生理两类，心理线索包括透视、遮挡、阴影、相对大小、纹理等；生理线索包括双目视差、调节和辐辏、运动视差等，其中，双目视差是最强烈的生理线索，对立体视觉的贡献最大，人眼会潜意识地根据存在视差的图像进行双眼辐辏与晶状体的调节，因此辐辏与调节也会受到双目视差的影响。大脑将这些深度线索进行集成，获得更清晰的立体视觉，其中，遮挡在所有线索中占主导作用。

1. 双目视差

由于人的双眼是从略微不同的角度来观察自然场景的物体，根据几何光学原理，不同距离的投影点落在视网膜上的位置不同，视网膜上的位置差即双目视差。如图 7-1 所示，两个图像点 A 较远，B 较近，两个图像点在左侧视网膜落于 A_L、B_L 处，在右侧视网膜落于 A_R、B_R 处，弧 A_LB_L＞弧 A_RB_R，可证明两眼观察到的特征点之间的角度差，即 $\angle B - \angle A$ 是该特征点对的双目视差大小。值得注意的是，在生物领域，视差一词指视网膜视差(以角度数为单位)，在图像处理和计算机科学领域中也有视差一词，但是它指屏幕上的视差(以像素为单位)。对于给定的一对左、右眼视图，它的屏幕视差是固定的，而视网膜视差是不固定的，会随着观看角度、观看距离、凝视方向而变化。

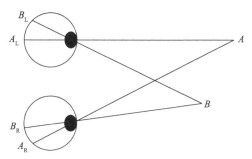

图 7-1　双目视差示意图

2. 辐辏-调节机制

当人们注视物体时，两只眼睛会向内或向外转动，从而会聚到一点，这个过程称为辐辏，通过眼部肌肉完成。要看近距离物体时，两个眼球必须向内转动，辐辏作用增大。看远处物体时，两个眼球向外转动，辐辏作用减小。如图 7-2 所示，注视物体 A 的远近不同，辐辏角 θ_A 大小也不同，从而可以提供深度信息。

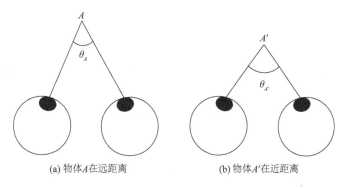

(a) 物体A在远距离　　　　　　　(b) 物体A'在近距离

图 7-2　辐辏变化示意图

为了看清楚物体，人眼的屈光能力会变化，这个改变称为调节。看近处物体时，睫状肌收缩，晶状体曲度变大，屈光能力变强。看远处物体时，睫状肌放松，晶状体在双目视觉中的作用是通过辐辏和调节两种机制的协同工作来实现的。将二重像融合为单像时，需要通过辐辏将物体的像投射于左、右眼视网膜相应点，与此同时，眼睛调节焦距，试图使融合的物体进入调焦清晰的区域。在自然条件下，驱动这两个过程的刺激是一致的，因此这两种机制紧密结合，调节可以引起调节性辐辏，而辐辏也会引起辐辏性调节，调节与辐辏关系密切，是联动的，也是互相影响的。

7.1.2　三维显示视疲劳成因

基于视差式的立体成像技术仍是现在主要采用的三维显示方式，该方式在左眼显示一幅图像，右眼显示另一幅图像，两幅图像之间存在一定的视差。视觉系统和大脑会对左、右图像进行融合并提取深度信息，从而获取立体感。常用的虚拟现实头戴式显示器就是使用的这种立体显示方式，虚拟现实头戴式显示器一般通过计算处理渲染出左、右眼位置相对应的图像来实现视差。除此之外还有多种实现视差的方法，如滤色器分色、偏振滤光镜、视差屏障系统等。对立体显示的研究表明，视疲劳的诱发因素除了视觉异常以及图像的显示问题，还有辐辏-调节矛盾、双目视差过大以及左、右图像不匹配(如几何畸变、串扰等)。在目前的研究中，与头戴式显示器密切相关的诱发因素主要是辐辏-调节矛盾与过大的屏幕视差。

1. 辐辏-调节矛盾

立体显示与自然立体视觉不同，它驱动辐辏与调节的刺激是不一致的(参见 7.1.1 节的详细解释)。这种不一致导致虚像深度和立体深度不一致，从而出现调节与辐辏矛盾。人眼会尝试将焦点移动到多变的辐辏位置上，但头戴式显示器的调节距离是固定的，这会导致视觉疲劳。

2. 不适当的屏幕视差

不适当的屏幕视差是立体显示视疲劳的主要因素。视差对深度感知很重要，但是人眼可融合的视差是具有一定范围的。在双眼注视某点时，由于其像投射在两个视网膜的相应点上，人能产生单一的视觉。每一对相应点都在视网膜中央凹面的同一方向、同一距离。对于任何辐辏角来说，存在一个双眼单视界空间平面，它上面的点的像可以刺激并作用到双眼视网膜的对应点上，它们的视网膜视差均为零。而不在双眼单视界空间平面的点则存在视网膜视差，在双眼单视界空间平面前的点有交叉视差，在其后的点有非交叉视差。但是即使有视网膜视差，在双眼单视界空间平面周围也有一小部分区域的物体可以产生单一视觉，这个区域称为潘诺融合区。相对而言，中央融合区的范围较窄，而向两侧的周边融合区则逐渐变宽。

疲劳感来源于肌肉的过度使用。人眼本身是基于生物控制的复杂光学系统，当眼部肌肉使用超过一定限度时即会由主观感受到视觉疲劳。早在 1996 年，有学者做实验证明了在较长时间内使用头戴式显示器会使眼球的辐辏作用和调节作用削弱大约 20%，间接证明了视疲劳的产生。

任何涉及立体视觉的设备均有可能引发辐辏-调节矛盾，从而引发视疲劳。人眼使用调节作用来看清物体，因此其视线的落点称为调节距离；三维物体成像的深度称为辐辏距离。在正常情况下观察真实物体时，双眼将焦点落在物体上，并且立体成像也在同一位置，此时调节距离和辐辏距离相同。然而在使用头戴式显示器时，呈现虚拟图像的平面是固定不动的焦平面，其深度为调节距离；但由于双目视差的存在，众多具有立体感的虚拟物体会随着内容变换而不停改变位置，它们的成像平面可能在焦平面的前方或者后方，深度为辐辏距离。由于生理学特性，人眼会不由自主地尝试将焦点移动到多变的辐辏位置上，然而，在头戴式显示器中调节距离由硬件设计决定且不可调，因此导致视觉疲劳。

从虚拟现实视疲劳发现至今，不断有学者针对其产生的原因做出研究。如今，学者大多认为虚拟现实视疲劳来源于头戴式显示器双屏显示图像的不一致性。而显示图像的不一致性还可以再细分为光学不一致性(图像的偏移、旋转和分辨率的不同)、滤波不一致性(亮度、对比度、颜色、调节距离的不同以及图像信号串扰)、立体视觉导致的不一致性(调节-辐辏不一致性和视差-辐辏不一致性)。其中著名的结论是在立体显示屏幕中诱发视疲劳的三个最显著因素：双目深度信息不匹配、非自然的屏幕模糊以及调节-辐辏联动状态的改变。

7.1.3 三维显示视疲劳评估方法

在深入探讨了三维显示视疲劳的成因后，将进一步讨论评估这些视疲劳的方法。随着虚拟现实系统应用范围的不断扩展，其对人体认知负荷和视觉系统造成的影响逐渐成为研究的重点。Mon-Williams 等研究了佩戴商业可提供的立体显示设备 10min 对双目稳定性产生的短期影响，实验中被试在暴露于头戴式显示器前后都进行了检查，结果显示许多被试都有明显的双目压力。有研究考察了佩戴市面上可得的立体显示设备 10min 对双目稳定性产生的短期影响，实验中参与者在使用设备前后都进行了检查，结果显示许多参与者都有明显的双目压力。另有研究探讨了使用头戴式显示设备 25min 后，调节性辐辏与调节的比值(accommodation convergence/accommodation，AC/A)、双目视觉功能等相关特征的变化，实验后的屈光测试检测到了轻微但具有统计学意义的远视变化，辐辏速度和幅度也呈现显著性的变化。

对于视疲劳的主观评估，模拟器晕动症量表(simulator sickness questionnaire，SSQ)已成为评估运动图像引起的晕动病的主流方法。已有的研究设计了视疲劳评估量表(visual fatigue scale，VFS)，可以用来评估因观看不同类型的运动影像而引起的视疲劳。在这些研究中，对于被试表现出的不同症状所得到的矛盾结果，通常有两个假设来解释：不是所有的临床测试都是同样合适的，在视力正常的人群中易感性存在自然变化。因此，也有许多学者进行了评估方式效果的研究，以制定更好的视疲劳评估方案。例如，通过眼科检查将被试分为双眼状况一般、双眼状况良好两种类型，然后分别在阅读任务前后进行问卷调查和八种验光测试(双眼视力、晶体调整、固定视差、隐斜、融合储备、辐辏、调节响应)。结果显示只有在立体条件下，双眼状况一般的被试的融合范围出现了有临床意义的变化，被试体验到了更多的视觉不适，阅读任务也完成得更差。

除了验光等手段，研究者还采取了许多其他手段进行视疲劳评估实验，用以发现三维显示视疲劳的特征以及制定有效的客观评估方法。例如，通过融合响应曲线和眨眼率来测量立体视频引起的视疲劳，并与主观评价结果和描述性的自我报告进行比较。结果显示，在观看立体视频时，融合响应慢和融合极限低的观察者对视疲劳更敏感。比起低视疲劳条件，在中等视疲劳条件下，眨眼频率有所增加。此外，还可以利用眼部追踪技术研究观看立体视频所引起的视疲劳。研究结果显示，眨眼的持续时间和眼球跳动的次数与视疲劳有关联，而瞳孔直径和注视时间的变化则不够精确，这可能是由于视频内容的不同所致。

也有学者进行了头戴式显示器和传统显示器的对比实验。例如，对比评估了适用于手机的头戴式显示器和智能手机引起的视觉不适与视疲劳情况。该研究使用 SSQ 进行主观评估，使用验光所得的泪膜破裂时间、球镜度和对比敏感度进行客观评估。泪膜破裂时间可以用来评估眼睛干涩情况，眼睛干涩的人泪膜不稳定，破裂的会更快。球镜度是透镜所有经线的屈光力的平均值，可以展现近视变化或调节能力情况。对比敏感度是对不同亮度情况下识别静态图像能力的衡量。验光结果显示，与使用智能手机相比，被试使用头戴式显示器后有更短的泪膜破裂时间和更低的球镜度，并且对于泪膜破裂时间来说，差异具有统计学意义。实验结果表明，与智能手机相比，适用于手机的头戴式显示器更容易导致眼睛干燥。

随着各项测评技术，如眼动追踪、心电测量等的进步，虚拟现实视疲劳的测评方法也会更加具备科学性和综合性。目前研究的重点在于甄选合适的测量指标，形成完备的测评体系，并掌握正确的分析方法。这对揭示虚拟现实的视疲劳特性、改进虚拟现实头戴式显示器具有积极的意义。

视疲劳的多诱因和多症状导致了众多的视疲劳衡量指标。一个视疲劳诱因，如辐辏不足，可以刺激人体的多个位置，包括内侧眼肌、睫状体和泪腺等。刺激每一个位置都可能导致不同的感觉。因此，视疲劳的概念不能仅用一个客观指标来评估。只有结合主观和客观的多种指标，才能更有效地评估视疲劳。视疲劳评估主要可以总结为以下两种方法。

1. 主观评估

主观评估方面，不同的学者均设计过独有的视疲劳量表。其中被广泛应用的视疲劳量表共计包含 24 个项目，如表 7-1 所示。在填写视疲劳量表时，用户对于眼睛的诸多症状进行自我感知，并在每个症状的 1～7 分打分：1 分表示无症状，7 分表示极度严重。这 24 个症状分别归属于五大症状群中：眼睛紧绷、整体不适、恶心感、聚焦困难和头疼。权重分配如表 7-1 所示，通过每个小项目的得分来计算大症状群的得分，通过大症状群的变化值衡量被试的视疲劳变化情况。Sheedy 提出的视疲劳量表共包含 9 个问题：眼睛灼热感、眼睛疼痛感、眼睛紧绷感、眼睛刺激感、眼睛流泪、视野模糊、视物重影、眼睛干涩和头疼。这 9 个问题的分值为 0～100 分，分数越高代表对应的症状越显著。视疲劳量表中为每个症状配备有一条 100mm 的线段，被试需要根据对该症状的自我感知，在该线段的某处作标记；从线段左端到标记落点的长度(单位：mm)即为该项症状的分值。

表 7-1　视疲劳量表

序号	症状项目	权重因子				
		眼睛紧绷	整体不适	恶心感	聚焦困难	头疼
1	视线模糊	1	0	0	0	0
2	眼睛干涩	1	0	0	0	0
3	眼睛紧绷	1	0	0	0	0
4	砂砾感	1	0	0	0	0
5	眼睛疼痛	1	0	0	0	0
6	叮咬般刺痛	1	0	0	0	0
7	眼睛沉重	1	0	0	0	0
8	眼睛发热	1	0	0	0	0
9	想要流泪	1	0	0	0	0
10	头部沉重	0	1	0	0	0
11	压抑感	0	1	0	0	0
12	难以集中注意力	0	1	0	0	0
13	肩膀僵硬	0	1	0	0	0
14	脖子僵硬	0	1	0	0	0
15	呕吐感	0	0	1	0	0
16	晕头转向	0	0	1	0	0
17	恶心反胃	0	0	1	0	0
18	聚焦困难	0	0	0	1	0
19	视线重影	0	0	0	1	0
20	近点视力模糊	0	0	0	1	0
21	远点视力模糊	0	0	0	1	0
22	太阳穴疼	0	0	0	0	1
23	额头中央疼	0	0	0	0	1
24	后脑疼痛	0	0	0	0	1

2. 客观评估

相比主观的舒适度评估，研究可供客观测量的视疲劳指标具有众多优势，既可节省人力、时间资源，还可做到自动甚至实时评测，并可能揭示立体视疲劳的生理性因素。可测量的生理指标很多，但已证明能够表征三维显示视疲劳的生理指标并不多。下面内容总结了可用作视疲劳测量的方法与指标。

三维显示视疲劳的客观评估可分为眼部测量、脑活动测量和自主神经系统测量 3 类。眼动参数一直以来都认为是视疲劳的重要指标，有研究表明眨眼与眼疲劳相关，相对于二维显示，观看立体显示时被试会有更低的眨眼频率和更短的注视时间，而瞳孔的大小则没有显著改变；也有研究通过对眼动指标的统计分析预测视疲劳。

然而，瞳孔直径和注视时间等指标受显示内容影响较大，因为眼跳运动的速度是不受自主控制的，所以可以考虑将其作为视疲劳客观指标。除了单独分析眼跳速度和幅度外，实验结果表明眼跳峰值速度与幅度间的函数关系，即眼跳主序列可以指示视疲劳状态。眼科临床有多种验光指标，如调节幅度、辐辏近点、正负相对调节、辐辏融合范围、AC/A、辐辏性调节与辐辏的比值(convergence accommodation to convergence，CA/C)及闪光融合频率(critical fusion frequency，CFF)等。其中，调节幅度、CA/C与闪光融合频率均被发现在观看立体显示后显著下降，辐辏近点变远。然而，视功能测量通常需要较大的验光设备，并且在多数情况下无法做到实时测量；同时，视觉系统对于观看环境有一定的自适应能力，观看者并不会立即感到不舒适。因此，有必要考虑其他生理信号作为视疲劳测量的指标。

虽然视功能测量能描述眼部疲劳程度，但无法评价观看立体显示过程中累积的认知疲劳。研究表明，三维显示视疲劳不仅是简单的视功能衰退，还包括认知疲劳。视觉信息的处理需要通过视神经及复杂的大脑皮层通路，立体显示非自然的观看条件可能加重立体信息处理的负荷，造成过载，从而引起认知疲劳。

大脑活动的非侵入测量技术包括脑电图(electroencephalogram，EEG)、功能性磁共振成像(functional magnetic resonance imaging，fMRI)、功能性近红外光谱成像(functional near - infrared spectroscopy，fNIRS)等。

(1) EEG信号不同波段的能量相对幅值强弱能够表现一定的认知状态，认为是一个很有希望成为立体视疲劳的有效测量方法。研究表明，β波在观看立体显示后显著下降，与警觉性和兴奋相关，β波段能量的下降表明视疲劳程度的增加；θ波主要出现在睡眠状态，立体视疲劳可能导致被试晕眩，但一般不会进入睡眠状态，研究表明，θ波在观看立体显示前后没有显著变化；不同研究中α波的变化情况不尽相同，低频α波通常出现在放松、困倦的状态下。EEG信号不仅在观看立体显示前后显著变化，而且在立体与二维的对比实验中也显著不同。最近的研究不再仅限于某一波段，而是开始通过机器学习的方法分析脑电波能量信号，评估测量三维显示视疲劳。也有学者利用事件相关电位(event-related potentials，ERP)研究三维显示视疲劳，ERP是与特定刺激在时间上相关的脑电记录电压的波动，通常按照刺激出现后电压峰值出现的时间分成多个成分，例如，P300对应一个在300ms附近出现正峰值的成分。已有研究表明，P300的幅值及潜伏期与心理负荷量相关。在测量三维显示视疲劳的ERP实验中发现，随着三维显示视疲劳症状增加，P600成分幅值降低，潜伏期延长，选择注意能力下降，反应认知功能受到减弱。同时也发现了ERP成分与三维显示视疲劳的关联，P700的潜伏期随双目视差及观看时间的增加而延长，反应与深度感知相关的认知活动水平下降。此外，当人眼受到一个固定频率的视觉刺激时，大脑视觉皮层会产生一个连续的、与刺激频率有关(刺激频率的基频或倍频处)的峰值响应，这个响应称为稳态视觉诱发电位。在视觉选择注意实验中，视觉注意侧的诱发电位将高于视觉非注意侧的诱发电位。在疲劳情况下，观看者将很容易受到视觉非注意侧刺激的干扰，可能导致视觉非注意侧的诱发电位变高。因此，可以通过测量立体情况下视觉注意侧与视觉非注意侧诱发电位的比值测试被试的选择注意能力，从而反应认知疲劳程度。

(2) fMRI 技术的原理是测量神经元活动所引发的血液动力的改变。与 EEG 技术相比，fMRI 技术的空间分辨率高很多，更能用来准确地定位与立体视觉或认知疲劳相关的脑区，但 fMRI 设备体积较大、造价昂贵、对实验环境要求较高，且所得结果均为一定时间间隔的平均值，时间分辨率很低。

(3) fNIRS 技术利用血液的主要成分对近红外光良好的散射性，从而获得大脑活动时氧合血红蛋白和脱氧血红蛋白的变化情况，该技术移动性高，并可获得较好的时间与空间分辨率。

视疲劳与认知疲劳会对自主神经系统(autonomic nervous system，ANS)造成可测量的影响。观看立体显示所造成的恶心、眩晕等症状可以通过 ANS 的活动测量。测量 ANS 的指标有很多，如血压脉搏、心率变化、皮肤电阻抗等。心电图(electrocardiogram，ECG)曾建议用来测量视疲劳，有研究发现，ECG 与舒适度相关，然而也有研究发现，ECG 的低频/高频比值与视疲劳不相关，还可以对 ECG 进行心率不对称分析和有序模式统计，结果显示观看立体内容的被试的心率状态与未观看立体内容的被试的心率状态不同，有序模式统计分布反映了视疲劳状态。除 ECG 外，皮肤温度、皮肤电阻抗等也可能与视疲劳有关。关于 ANS 的研究相对较少，大部分客观评估方法研究还是集中在眼部活动及脑活动分析中。

三维显示技术的广泛应用引发了对视疲劳评估的深入研究。视疲劳的多重诱因和多样症状使得仅靠单一指标难以全面评估，因此综合主观评估和客观评估方法尤为重要。在主观评估方面，通过视疲劳量表的方式收集用户对不同症状的自我感知，有助于定量分析视疲劳的严重程度。

在客观评估方面，眼部测量、脑活动测量和自主神经系统测量是主要手段。眼动参数，如眨眼频率和眼跳速度等，可以反映眼部疲劳程度，而 EEG、fMRI 和 fNIRS 等技术则通过分析脑活动揭示认知疲劳的情况。自主神经系统测量通过血压脉搏、心率变化和皮肤电阻抗等指标评估由视疲劳引起的生理反应。综合这些评估方法，能够更全面地了解三维显示对视疲劳的影响，为改善三维显示技术和提升用户体验提供科学依据。

7.1.4　三维显示视疲劳缓解策略

随着头戴式显示器的快速发展，大多数视疲劳因素，如双目显示分辨率不对称和左、右图像高低不平等问题，已经基本解决，硬件设计在适应性方面取得了显著进步。在设计过程中仍应尽量规划适当的双目视差，尽可能避免调节作用和辐辏作用之间的矛盾。此外，头戴式显示器隔绝了用户对真实世界视场的感知，迫使用户将目光聚焦于屏幕。因此，虚拟内容的显示亮度需要精心控制，避免过于频繁或剧烈的亮度变化。这种控制可以减少瞳孔剧烈变化，进而降低瞳孔括约肌和瞳孔张大肌的使用，帮助减轻视疲劳。

使用头戴式显示器也可能会引起一些健康问题。在制作过程中必须要精确控制双目光学系统的光轴、放大系数、图像畸变等特性，否则用户会体验到与棱镜效应一样的感受，导致隐斜，并因此引起持续的眼睛疲劳。第一代头戴式显示器存在严重的轴向对准问题，用户视疲劳是常见的。第二代头戴式显示器就有了很大的改进，但在长时间使用时仍然会出现问题。虚拟现实头显也要求严格的轴向对准，校准不佳会导致双目视差的不同步,这会造成人的头疼、恶心以及视觉疲劳等症状。现在的研究通过对硬件的重新设计,在头戴式显示器上加入了惯性测量单元,可以追踪快速运动的头部,同时加入了有高分辨率、大视野光学透镜的立体微显示器。这些更与人类视觉系统兼容的光学模块设计有助于解决上述的诸多问题,这些进步带来了突破性的产品,如 Microsoft HoloLens、HTC VIVE 和 Oculus Rift 等。然而主观测评显示,在虚拟现实的延长使用上,仍然会存在主观不适。许多研究表明,立体显示的视觉不适和视疲劳主要诱因是对辐辏和调节的强制解耦。

为了减少视觉上的不适,需要对头戴式显示器进行修改。有许多研究从渲染技术方面进行了改进,例如,视觉跟随景深(depth of field,DoF)就被认为可以降低通过双眼视觉仪器在液晶显示器上观看立体内容的视觉不适,DoF 模糊效果是感知物体大小的线索,它与双目视差等线索互相协调,有助于改变对定量深度的感知。DoF 模糊效果能通过掩盖高频空间数据来缓解立体显示中的辐辏-调节矛盾,也可以简化立体内容的融合,从而增加视觉舒适度。

Carnegie 等针对增加 DoF 模糊效果进行了知觉研究,如图 7-3 所示。因为 DoF 模糊是驱动用户聚焦的因素,该研究假设结合屏幕中心注视偏差和让屏幕中心在用户焦点内的 DoF 算法可以驱动用户注视,这样就不需要眼动跟踪来估计用户的焦点。该实验使用一个图形处理器实现实时动态 DoF,使屏幕中心保持在焦点处,并使用模糊圈模拟散景。如图 7-3 所示,实验使用 Oculus Rift DK1 向被试分别展示了两个场景:寺庙和山地景观。寺庙场景主要由近焦距物体组成,用户可以近距离观察,相比之下,山地景观主要由远焦距的物体组成,分别在启用和不启用 DoF 的条件下给被试体验。实验的 SSQ 结果证明在使用立体头戴式显示器时,动态 DoF 模糊可以起到减轻视觉不适的作用。

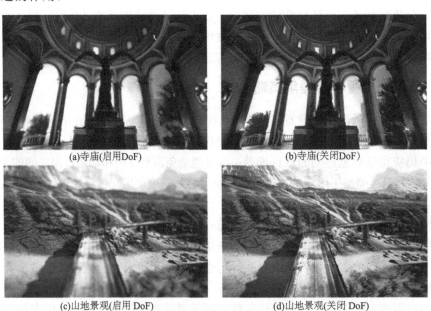

(a)寺庙(启用DoF)　　　　　　　　　　(b)寺庙(关闭DoF)

(c)山地景观(启用 DoF)　　　　　　　　(d)山地景观(关闭 DoF)

图 7-3　Carnegie 等实验的场景

也有许多研究从头戴式显示器的光学系统出发,探索解决辐辏-调节矛盾的方法。通过目镜系统的物面位置附近放置多层显示器形成多个像面的方法,使观看者产生逼近真实场景的深度感。还有的学者在目镜系统中使用半反半透镜引入多个光路,每条光路都有独立的微型显示器,通过图形渲染技术生成位于近像面和远像面之间的虚拟物体。北京理工大学团队提出了一种轻小型自由曲面双焦面棱镜系统,目镜系统由两片自由曲面棱镜胶合组成,胶合表面镀有半反半透膜,每片自由曲面棱镜和相对应的微型显示器形成一个显示成像平面,两个显示成像平面在不同的位置,从而构建了两个深度不同的成像平面。

还有方法通过在目镜系统中引入液体镜头来调节光学系统的光焦度,从而改变光学系统像面的位置,以此生成若干个成像平面。类似地,有研究利用变形镜改变光学系统的光焦度,进而改变像面的位置,形成不同深度的成像平面。此外,有研究提出在目镜系统中引入一个固定的双折射透镜和偏振片的方法。由于双折射材料在寻常光(o 光)和非常光(e 光)方向上有两个不同的折射率值,因此,通过在双折射透镜前加装液晶调制器调整入射光的偏振状态,即可获得两个不同距离的成像平面。

然而,构建多个不同深度的像面的方法并不完全符合人眼自然观察世界的过程,只能通过构建尽可能多数量的深度平面来逼近真实感三维呈现,这会使得显示系统结构复杂、体积庞大、成本高昂,限制了其实际应用。因此,不论是从软件方面出发优化渲染技术,还是从硬件系统出发改善光学系统,都要同时考虑头戴式显示器的实际应用特点。

7.2　虚拟现实中的晕动症

虚拟现实晕动症所带来的不适感会随着虚拟现实体验时间的增加而加剧,最终严重影响沉浸感。模拟器提供的视觉信息可能与前庭信息产生感知矛盾,从而引发视觉触发的晕动症,导致恶心、呕吐、方向感缺失和盗汗等症状,严重影响用户体验并破坏沉浸感。因此,优化视觉触发的晕动症一直是提升虚拟现实体验感的重点。

7.2.1　虚拟现实晕动症成因

虚拟现实中产生的晕动症也称为视觉触发晕动症。在众多学者的研究中,常常把晕动症归结为视觉疲劳的子类。但是,晕动症的发病原因虽然包含视觉成分,却与头戴式显示器诱发视疲劳的机制存在区别。由于视觉触发晕动症的发病症状与传统晕船、晕车相一致,因此学者将原因追溯回传统的眩晕机理,即感知重排理论,所有产生晕动症的情形都必然伴随着两个条件:第一,通过人眼、前庭和非前庭自身感受器传输进的运动信号不完全一致,从而导致了感知重排;第二,不论其他两种感知通道如何作用,在感知重排发生时前庭必然牵涉其中,无论是直接还是间接。而该理论在视觉触发晕动症中的实现则是视觉和前庭对于自身运动感知的不协调。在虚拟现实环境下佩戴的头戴式显示器屏蔽了真实世界的视觉输入,只接收来自虚拟世界的图像。而用户前庭所感知到的真实世界中的运动一旦和视角人物在虚拟环境中看见的运动不一致,便会引发视觉和前庭对于自身晕动的感知矛盾，从而带来极为剧烈的眩晕感，伴随头晕、恶心、呕吐、盗汗等症状。

早期的研究者认为硬件因素是虚拟现实晕动症的主要诱因，后来，随着硬件制造技术的进步，人们发现部分硬件参数的提高与虚拟现实晕动症的发病率并没有相关性，分辨率、视场等硬件参数对虚拟现实晕动症的影响不升反降。也有研究者认为，在使用虚拟现实系统时人的运动和旋转是虚拟现实晕动症的主要诱因。然而，对于同样的诱因，不同研究人员往往会得出相反的结果，这是由于多种诱因无法进行单独配置导致的。

虚拟现实头盔属性对于晕动症有着显著的影响，例如视场尺度因子(头盔物理视场角和显示虚拟视场角的比值)、内容是否附加延迟、边缘视场是否封闭。研究结果表明人工添加显示延迟将有更大的概率诱发晕动症，并且在使用头戴式显示器时保留一定的边缘视场，即对真实世界仅余的感知，将有助于缓解由图像比例因子和显示延迟所造成的晕动症。为了减少晕动症的发生，应当适当保留头盔对于外部真实世界的边缘视觉，着力研究如何降低显示延迟，并且头盔设计师应当重视头盔对于头部运动的影响。

在虚拟现实体验中位置、视差和虚拟高度不同对于虚拟漫游的晕动症同样有着显著影响。视差方面，实验中的可选视差为2.0cm、6.5cm和9.0cm；位置方面，同时令3名被试参与实验，1名被试作为驾驶员处于正中位置，另外2名被试作为乘客分别坐在驾驶员左右；高度方面，主要研究了驾驶员和乘客之间的高度差所带来的影响。结果表明被试视差为6.5cm所带来的晕动症比视差为2.0cm和9.0cm时更小；被试在中心位置作为驾驶员参与虚拟漫游时，感受到的晕动症比乘客更小；同一轮实验中，身高不高于驾驶员的被试所受到的晕动症显著小于身高超过驾驶员的被试。

使用头戴式显示器浏览全景视频时，视频格式、声音维度、性别差异对于存在感和晕动症也有着显著影响。通过采取组间实验设计，按照2种视频格式(2D单目视频和3D立体视频)×2种声音维度(2D声音和3D声音)设计了4种实验条件，并在各组中分别观测性别不同所带来的影响。最终发现，女性在HMD中观看2D视频的晕动症显著高于男性，而男性观看3D视频的晕动症显著高于女性。此外，实验结果中并没有发现视频格式和声音维度与晕动症之间的显著关系。

在虚拟世界中完成任务时，视觉触发晕动症的潜在影响因素如表7-2所示。

表7-2　视觉触发晕动症的潜在影响因素

个人因素	模拟器因素(硬件因素)	任务因素(内容因素)
年龄	双目视觉	位于地形上的高度
注意力集中度	校准程度	控制程度
种族	屏幕颜色	沉浸时间
真实世界中的任务经验	屏幕对比度	头部运动
模拟器中的任务经验	显示视场角	总体视觉流
闪光融合频率阈值	屏幕闪烁频率	内容亮度
性别	设备瞳孔间距	移动方式

续表

个人因素	模拟器因素(硬件因素)	任务因素(内容因素)
疾病或病史	运动平台	加速度或角加速度
心理承受力	荧光延迟	自身晕动速度
姿势稳定性	位置追踪错误	站姿或坐姿
感知模式	屏幕刷新率	应用类型
	屏幕分辨率	非正常操作
	场景内容	相对运动
	传输延迟	
	内容刷新率	

表 7-2 中模拟器因素和任务因素均为非人因素,合计 28 项。按照这些因素所提供的感知信号种类可将它们再分为视觉输入因素、前庭输入因素、视觉-前庭因素。

(1) 视觉输入因素:双目视觉、校准程度、屏幕颜色、屏幕对比度、显示视场角、屏幕闪烁频率、设备瞳孔间距、屏幕刷新率、屏幕分辨率、内容刷新率、内容亮度和总体视觉流。这些因素提供单纯的视觉信号,并且大多基于硬件,仅有内容亮度可基于内容开发进行设置。

(2) 前庭输入因素:运动平台、控制程度、头部运动、移动方式、加速度或角加速度、自身晕动速度、站姿或坐姿、非正常操作和相对运动。这些因素提供单纯的前庭信号,大多为任务因素,是开发人员设计虚拟内容时可以规划的。

(3) 视觉-前庭因素:荧光延迟、位置追踪错误、场景内容、传输延迟、位于地形上的高度、沉浸时间、应用类型。这些因素同时关系到视觉信号和前庭信号,最有可能引发晕动症。

上述因素中,如屏幕分辨率和屏幕刷新率等硬件因素已经基本满足标准,当前较受重视的是由体验姿势、传输延迟和显示虚拟运动(如加速度角加速度、移动方式等)所引发的晕动症。本章所研究的优化方式将分别针对由这些因素所诱发的晕动症。

多种因素都可以诱发虚拟现实晕动症,研究者在实验中经常采用的诱发方式有运动仿真平台、构建虚拟场景、控制设备参数(如视场、延迟等)。

1. 运动仿真平台

使用运动仿真平台诱发虚拟现实晕动症是最为普遍的诱发方式。这种诱发方式主要依赖于运动仿真平台提供的与虚拟场景不一致的运动状态,这种身体感受与虚拟场景不一致的情况就会产生视觉-前庭矛盾,视觉-前庭矛盾造成了前庭感受器的紊乱,这也是晕动症的产生原因。

2. 构建虚拟场景

虚拟场景是构成虚拟世界的必要元素,在虚拟现实系统中,大部分的虚拟现实晕动症是由于设计不合理的虚拟场景而产生的。例如，第一人称视角的虚拟场景中人和物体的比例不够真实，虚拟相机位置不合理。这些不合理的场景设计往往会引起使用者姿势的不稳定，长时间的使用会导致虚拟现实晕动症的产生。

3. 控制设备参数

随着虚拟现实技术的发展，虚拟现实硬件的性能也越来越高，容易诱发晕动症的头盔显示设备的分辨率和刷新率已经不再是主要的诱因，新的追踪方式提高了追踪的精度，减少了虚拟现实晕动症的发病率和严重程度。随着虚拟现实系统的硬件技术水平(如显示技术、追踪技术、交互技术等)的提高，硬件设备对虚拟现实晕动症的限制会越来越低。由于虚拟现实晕动症的诱因众多，消除可能的诱因，避免其他诱因对结果的干扰是虚拟现实晕动症研究的关键。

7.2.2 虚拟现实晕动症评估方法

晕动症的测量方法种类繁多，当下常用的主观评测方法有 SSQ、快速晕动症量表(fast motion sickness scale，FMS)等，客观的测量方法有姿势稳定性测试和生理特征测试等。

模拟器晕动症量表是具有 16 个项目的晕动症主观测试量表。在填写该量表时，被试对自身的 16 个症状的严重程度按照 0~3 的整数给出分值，其中，3 分最严重，0 分代表无症状。由于这 16 个小症状又可以划分为三个症状群，所以在 SSQ 中，这 16 个项目被 Kennedy 等细分进 3 个子量表：①Nausea(N，恶心)：包括盗汗、反胃、唾液增多、打嗝等症状。②Oculomotor(O，眼部不适)：包括眼睛疲劳，注意力难以集中，视力模糊，头痛等症状。③Disorientation(D，定向障碍)：包括头晕、头胀等症状。如表 7-3 所示，16 个基本项目在这三个子量表中有各自的权重，并且有部分症状并不单存在于一个子量表中，而被试 SSQ 的总分值由三个子量表的分值按照式(7-1)计算获得。

表 7-3　SSQ 细则

序号	症状项目	症状群及对应权重		
		恶心(N)	眼部不适(O)	定向障碍(D)
1	身体不适	1	1	0
2	整体性疲劳	0	1	0
3	头疼	0	1	0
4	视觉疲劳	0	1	0
5	难以集中视力	0	1	1
6	唾液分泌增加	1	0	0
7	冒汗	1	0	0
8	恶心	1	0	1
9	无法集中注意力	1	1	0
10	头胀	0	0	1
11	视觉模糊	0	1	1

序号	症状项目	症状群及对应权重		
		恶心(N)	眼部不适(O)	定向障碍(D)
12	眼花(眼睛睁开时)	0	0	1
13	眼花(眼睛闭合时)	0	0	1
14	晕头转向	0	0	1
15	胃部不适	1	0	0
16	打嗝	1	0	0
	总计	[1]	[2]	[3]

$$\begin{cases} N = [1] \times 9.54 \\ O = [2] \times 7.58 \\ D = [3] \times 13.92 \\ 总分 = 3.74 \times ([1]+[2]+[3]) \end{cases} \tag{7-1}$$

由于 SSQ 只能在实验前后集中采集被试的眩晕程度,并不能获取实验过程中的情况,因此有专门针对实验中测量的快速晕动症量表,让被试在实验过程中的每分钟参照自身的恶心感、整体不适和肠胃症状,快速给出一个分值。

上述方法均为主观的晕动症测量方法,而常用的客观测量方法为姿势稳定性测试方法,如图 7-4 所示。该方法包含 4 种基本姿势:①双脚站立(一只脚的脚尖接着另一只脚的脚后跟);②双脚站立(双脚与肩同宽);③单脚站立(常用脚站立,非常用脚屈膝往后翘);④单脚站立(非常用脚站立,常用脚屈膝往后翘)。结合双眼开阖和双手是否在胸前交叉组成 16 种姿势。同一姿势保持的时间越长,代表受到的晕眩影响越小。

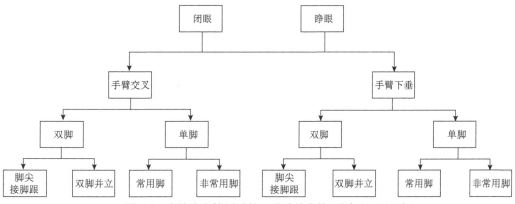

图 7-4 姿势稳定性测试的 8 种肢体姿势(不涉及双眼开阖)

另一种目前常用的客观评测方法是生理特征测试,生理特征测试是一种直观地能够反映晕动症程度的测试方法。由于晕动症状的反应通常都会伴有生理指标的变化,因此生理指标测量可以作为反映虚拟现实晕动症程度的客观方法。相比于 SSQ 和姿势稳定性测试，生理特征测试的设备操作复杂，而且结果分析难度较大，但是，生理特征测试也使得实验数据变得更加客观。近年来，研究者在虚拟现实晕动症的评测上开始大量采用生理特征测试方法，包括血压、脑电图、心电图、胃电图、眼动电图和皮肤电反应等，如表7-4所示。

表 7-4　生理特征测试方法和虚拟现实晕动症的关系

特征	测试项	对虚拟现实晕动症的影响
血压	标准血压测试	与心率间接相关
心电图(ECG)	检测心率(R-R 间期)	LF/HF 有相关性
脑电图(EEG)	检测脑部活动	目前只有初步结果
胃电图(EGG)	检测胃动强度	幅度和高频部分有相关性
眼动电图(EOG)	检测眼动	无相关性
皮肤电反应(GSR)	检测皮肤水分含量，与压力有关	无相关性
呼吸(RSP)	检测呼吸强度和频率	幅度和高频部分可能有相关性

7.2.3　虚拟现实晕动症缓解策略

视觉触发晕动症是由视觉-前庭感知矛盾所引发的躯体症状，因此，优化方式应当从削弱感知矛盾和干预人体因素方面切入，即从模拟器提供的视觉信号、前庭信号入手或者采取可能的外部手段对人因进行干预，图7-5概括了晕动症环节优化策略。

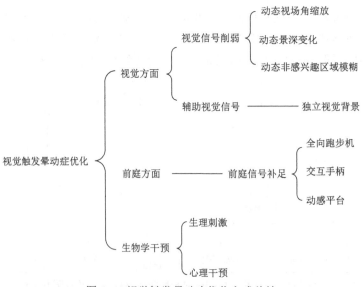

图 7-5　视觉触发晕动症优化方式总结

在视觉方面，较为常用的思路是削弱少量视觉信号来减轻矛盾感。虚拟现实的视场角代表了用户视野的广度，越大的视场角意味着越高的沉浸感，然而在晕动症已经产生的情况下，视场越大意味着晕动症将会越显著。此外，众多学者的研究表明，边缘视场对于视觉内容的感知并没有显著影响。因此，对于晕动症触发概率较高的内容可以适当削弱边缘视场的显示信息，包括使用动态视场角缩放、动态景深变化以及非感兴趣区域模糊等方法来防止因漫游速度过快引发眩晕。另外，也有少数学者使用独立视觉背景的方法，在视觉显示中提供和前庭相同的惯性参考系，来起到减轻晕动症的作用。

在前庭方面，优化的核心思路在于尽量补足和视觉相对应的前庭信号，保证前庭信号和视觉信号的一致性。例如，在场景漫游系统中使用全向跑步机，在虚拟驾驶系统中使用动感平台。

在人因方面，可以通过干预前庭系统或视觉系统来采取措施，如使用前庭电刺激技术。此外，针对晕车、晕船等问题，已有多种传统的生物学干预手段，包括生理刺激和心理干预治疗等。鉴于视觉触发的晕动症发病机制与晕车、晕船等情况相似，因此这些干预手段也可能适用于改善虚拟现实晕动症。

参 考 文 献

工业和信息化部关于加快推进虚拟现实产业发展的指导意见[EB/OL]. [2020-6-13]. https://www.miit. gov.cn/jgsj/dzs/wjfb/art/2020/art_1a514e4bb2e14b018802293d5b73de4b.html.

工业和信息化部关于印发信息化和工业化融合发展规划(2016—2020 年)的通知[EB/OL]. [2020-6-12]. https://www.miit.gov.cn/ztzl/rdzt/tdzzyyhlwsdrhfzjkjstggyhlwpt/zcfb/art/2020/art_97ad77ef386b4879a4570 e102287a835.html.

国务院关于印发"十三五"国家信息化规划的通知[EB/OL]. [2020-6-14]. http://www.gov.cn/zhengce/ content/2016-12/27/content_5153411.htm.

进一步加快虚拟现实产业发展的若干政策措施[EB/OL]. [2020-6-18]. http://www.jiangxi.gov.cn/art/2019/ 10/30/art_5862_822777.html.

王琼华, 王爱红, 梁栋, 等, 2011. 裸视 3D 显示技术概述[J]. 真空电子技术, 24(5): 1-6.

杨建, 石教英, 林柏伟, 等, 2001. PCCAVE: 基于连网 PC 的廉价 CAVE 系统[J]. 计算机研究与发展, 38(5): 513-518.

中共中央国务院印发《国家创新驱动发展战略纲要》[EB/OL]. (2016-05-19) [2020-6-12]. https://www. gov.cn/zhengce/2016-05/19/content_5074812.htm.

AGGARWAL S, CHUGH N, 2022. Review of machine learning techniques for EEG based brain computer interface[J]. Archives of computational methods in engineering, 29(5): 3001-3020.

BROOKS J, AMIN N, LOPES P, 2023. Taste retargeting via chemical taste modulators[C]// Proceedings of the 36th annual ACM symposium on user interface software and technology, 1-15.

CARNEGIE K, RHEE T, 2015. Reducing visual discomfort with HMDs using dynamic depth of field[J]. IEEE computer graphics and applications, 35(5):34-41.

CATERINA M J, SCHUMACHER M A, TOMINAGA M, et al., 1997. The capsaicin receptor: a heat-activated ion channel in the pain pathway[J]. Nature, 389(6653): 816-824.

CHENG D, WANG Q F, WANG Y T, et al., 2013. Lightweight spatial-multiplexed dual focal-plane head-mounted display using two freeform prisms[J]. Chinese optics letters, 11(3): 31201-31204.

CHOI I, OFEK E, BENKO H, et al., 2018. Claw: A multifunctional handheld haptic controller for grasping, touching, and triggering in virtual reality[C]// Proceedings of the 2018 CHI conference on human factors in computing systems: 1-13.

CHOI J W, KWON H, CHOI J, et al., 2023. Neural applications using immersive virtual reality: a review on EEG studies[J]. IEEE transactions on neural systems and rehabilitation engineering, 31: 1645-1658.

CRUZ-NEIR C, SANDIN D J, DEFANTI T A, et al., 1993. Surround-screen projection-based virtual reality: the design and implementation of the CAVE[C]// Proceedings of the 20th annual conference and exhibition on computer graphics and interactive techniques: 135-142.

DIM N K, REN X S, 2017. Investigation of suitable body parts for wearable vibration feedback in walking navigation[J]. International journal of human-computer studies, 97: 34-44.

GAO Q K, LIU J, HAN J, et al., 2016. Monocular 3D see-through head-mounted display via complex amplitude modulation[J]. Optics express, 24(15): 17372-17383.

HRAMOV A E, MAKSIMENKO V A, PISARCHIK A N, 2021. Physical principles of brain–computer interfaces and their applications for rehabilitation, robotics and control of human brain states[J]. Physics reports, 918: 1-133.

HUANG H K, HUA H, 2018. High-performance integral-imaging-based light field augmented reality display using freeform optics[J]. Optics express, 26(13): 17578-17590.

JAKL A, LIENHART A M, BAUMANN C, et al., 2020. Enlightening patients with augmented reality[C]// 2020 IEEE conference on virtual reality and 3D user interfaces (VR): 195-203.

JIANG C, BANG K, MOON S, et al., 2017. Retinal 3D: augmented reality near-eye display via pupil-tracked light field projection on retina[J]. ACM transactions on graphics (TOG), 36(6): 1-13.

JIANG S, KANG P Q, SONG X Y, et al., 2022. Emerging wearable interfaces and algorithms for hand gesture recognition: A survey[J]. IEEE Reviews in Biomedical Engineering, 15: 85-102.

KELLNHOFER P, RECASENS A, STENT S, et al., 2019. Gaze360: Physically unconstrained gaze estimation in the wild[C]// Proceedings of the IEEE/CVF international conference on computer vision: 6912-6920.

KIM S B, PARK J H, 2018. Optical see-through Maxwellian near-to-eye display with an enlarged eyebox[J]. Optics letters, 43(4): 767-770.

LEE J, SINCLAIR M, GONZALEZ-FRANCO M, et al., 2019. TORC: A virtual reality controller for in-hand high-dexterity finger interaction[C]// Proceedings of the 2019 CHI conference on human factors in computing systems: 1-13.

LENG Z, CHEN J Y, SHUM H P H, et al., 2021. Stable hand pose estimation under tremor via graph neural network[C]// 2021 IEEE Virtual Reality and 3D User Interfaces (VR): 226-234.

LI Y H, HU Y, WANG Z D, et al., 2022. Evaluating the object-centered user interface in head-worn mixed reality environment[C]// 2022 IEEE International Symposium on Mixed and Augmented Reality (ISMAR): 414-421.

LIU S, HUA H, CHENG D W, 2010. A novel prototype for an optical see-through head-mounted display with addressable focus cues[J]. IEEE transactions on visualization and computer graphics, 16(3): 381-393.

LOVE G D, HOFFMAN D M, HANDS P J W, et al., 2009. High-speed switchable lens enables the development of a volumetric stereoscopic display[J]. Optics express, 17(18): 15716-15725.

MATSUKURA H, YONEDA T, ISHIDA H, 2013. Smelling screen: development and evaluation of an olfactory display system for presenting a virtual odor source[J]. IEEE transactions on visualization & computer graphics, 19(4):606-615.

MILGRAM P, KISHINO F, 1994. A taxonomy of mixed reality visual displays[J]. IEICE transactions on information and systems, 77(12): 1321-1329.

OUDAH M, AL-NAJI A, CHAHL J, 2020. Hand gesture recognition based on computer vision: a review of techniques[J]. Journal of imaging, 6(8): 73.

SHI Y L, ZHANG H M, CAO J S, et al., 2020. VersaTouch: A versatile plug-and-play system that enables touch interactions on everyday passive surfaces[C]// Proceedings of the augmented humans international conference: 1-12.

SONG W T, WANG Y T, CHENG D, 2014. Light field head-mounted display with correct focus cue using micro structure array[J]. Chinese optics letters, 12(6): 060010-60013.

SONG W T, ZHU Q D, LIU Y, et al., 2015. Omnidirectional-view three-dimensional display based on rotating selective-diffusing screen and multiple mini-projectors[J]. Applied optics, 54(13): 4154-4160.

SUTHERLAND I E, 1968. A head-mounted three dimensional display[M]. New York: Association for Computing Machinery, 757-764.

VASLI B, MARTIN S, TRIVEDI M M, 2016. On driver gaze estimation: Explorations and fusion of geometric and data driven approaches[C]// 2016 IEEE 19th international conference on intelligent transportation systems (ITSC): 655-660.

VILLARREAL-NARVAEZ S, VANDERDONCKT J, Vatavu R D, et al., 2020. A systematic review of gesture elicitation studies: What can we learn from 216 studies?[C]//Proceedings of the 2020 ACM designing interactive systems conference: 855-872.

WITHANA A, KONDO M, MAKINO Y, et al., 2010. ImpAct: immersive haptic stylus to enable direct touch and manipulation for surface computing [J].Computers in entertainment, 8(2):1-16.